知識ゼロからの

# HeyGenで AIアバターチューバーになる方法

北村拓也 著

秀和システム

**注意**

・本書は著者が独自に調査した結果を出版したものです。
・本書は内容において万全を期して製作しましたが、万一不備な点や誤り、記載漏れなどお気づきの点がございましたら、出版元まで書面にてご連絡ください。
・本書の内容の運用による結果の影響につきましては、上記2項にかかわらず責任を負いかねます。あらかじめご了承ください。
・本書で紹介しているサービス及び商品は提供元の都合により利用できなくなる場合もありますが、あらかじめご了承ください。
・本書の全部または一部について、出版元から文書による許諾を得ずに複製することは禁じられています。

**商標等**

・本書では ™ ® © の表示を省略していますがご了承ください。
・その他、社名および商品名、システム名称は、一般に各開発メーカーの登録商標または商標です。
・本書では、登録商標などに一般に使われている通称を用いている場合がありますがご了承ください。

# はじめに

「YouTube に挑戦してみたいけれど、機材や撮影、顔出し・声出しへの抵抗感、何度も撮り直す苦労……そんな大変さを考えると、どうしても一歩が踏み出せない。」

こう感じている方は、決して少なくないはずです。もしかすると、過去に挫折を経験したことがあるかもしれません。実は私自身、これまで何度も YouTube で発信を試みながら、そのたびに準備や調整の煩雑さ、スムーズに進まないもどかしさに押し戻されてきました。

狭い部屋での撮影、背景の生活感、同居人が映り込む問題、そして言葉の詰まりやぎこちない話し方……。結果として「これじゃ続けられない」と諦めてしまう。そんな過程を繰り返し、「自分には YouTube は無理だ」と思い込むようになってしまったのです。

ところが、そんな私に新しい風を吹き込んでくれたのが「AI アバターチューバー」という存在でした。この手法は、これまでの YouTuber や VTuber、AI VTuber が抱えていた課題を解決し、顔出しも声出しも撮影もいらない、まるでブログ感覚で動画制作ができる新しいスタイルを切り拓いてくれます。

自分自身が映らなくても、リアリティのあるアバターが自然に語りかけ、合成音声がスクリプトを読んでくれる。それらを通じて、「これなら続けられる」と心から思える環境が整ったのです。

本書では、そんな「AI アバターチューバー」を活用して、手軽に、そして継続可能な YouTube 運営を目指すための方法をわかりやすく解説します。技術的な知識がなくても気軽に始められる手順やテクニック、そして

AIを活用した効率的なコンテンツ制作のフレームワークを惜しみなく紹介します。

　「もう一度 YouTube に挑戦したい」「いつかは動画で発信したい」、そんな思いがあるなら、本書を最後まで読んでみてください。きっと、あなたにとって新しい可能性の扉が開くはずです。顔出しや声出しのハードルを超え、自分らしさを維持しながら発信できる時代が、すでに始まっています。さあ、一緒に新たな一歩を踏み出しましょう！

# 動画投稿と AI アバターチューバー制作ツール「HeyGen」

　本書では、AI アバター動画制作ツールの代表例として「HeyGen（ヘイジェン）」を紹介します。

> **HeyGen**
> https://www.heygen.com/

　HeyGen は、AI 技術を活用して、テキストを入力するだけで高品質な動画を自動生成できるプラットフォームです。
　生成される動画には、AI が生み出したアバターや自然な音声が組み込まれ、従来よりも手軽かつ迅速な動画制作が可能になります。

## ▶ 主な特徴

　HeyGen の主な特徴は、

「人と見分けがつかないオリジナルアバターの生成」
「豊富なアバターとテンプレートで動画制作のハードルを低減」
「多言語対応によるグローバル展開のしやすさ」

の 3 点です。

### ・人と見分けがつかないオリジナルアバター生成の生成

　ユーザー自身が撮影した写真や映像をアップロードすると、オリジナルの AI アバターを生成できるため、他者との差別化が可能です。これにより、自社製品やサービスに合わせた「唯一無二」の顔となるアバターを動画内で活用できます。信頼性やブランド価値の向上に役立ちます。

・豊富なアバターとテンプレートで、動画制作のハードルを低減

　HeyGen は 150 種類の AI アバターや 150 種類以上の動画テンプレートを提供しているため、ユーザーは自分の目的やブランドイメージに合ったスタイルを簡単に選べます。これによって、デザインの知識やクリエイティブな時間が限られている場合でも、プロ品質の動画コンテンツを手早く仕上げられます。

・多言語対応によるグローバル展開のしやすさ

　HeyGen は 175 以上の言語に対応しており、ボタンひとつで多言語の動画を生成することが可能です。これにより、グローバルな顧客や学習者に向けてメッセージを発信したい企業や教育機関にとって、言語の壁を容易に越える手段となります。

## ▶ HeyGen の料金プラン：月額 $29 で動画生成し放題！

　HeyGen は、ユーザーのニーズに合わせた柔軟な料金プランを提供しています。ここでは Free プランと Creator プランを説明します。

　私自身は、月額 $29 で動画を無制限に作成できる Creator プランを利用しています。HeyGen を使い始めた当初は、月額プランであっても動画の作成回数に制限があり、利用者が限られていました。しかし、現在では料金体系がシンプルになり、動画作成が無制限になったため、非常に利用しやすくなっています。

Free プランは、HeyGen の基本機能を試してみたい方に最適です。
Free プランでも商用利用可能です。

　Free プランで作成した動画にはウォーターマークが付きます。ウォーターマークとは、画像、動画、文書などのデジタルコンテンツに追加される、識別用の目印や印刷物のような透かしのことです。Free プランでは月に 3本まで、各動画は最大 3 分の制限があります。そのため YouTube に本格的に取り組む人は Creator プランに入る必要があります。

▌Freeプランとは Creatorプラン

|  | Freeプラン | Creatorプラン |
|---|---|---|
| 対象 | HeyGenを学習・探索したい個人ユーザー | 短編動画を制作する個人ユーザー |
| 料金 | 無料 | 月額$29 |
| 動画生成 | ・月に3本までの動画作成<br>・各動画の長さは最大3分<br>・最大720pの解像度でエクスポート | ・無制限の動画作成<br>・各動画の長さは最大5分<br>・最大1080pの解像度でエクスポート |
| 含まれる機能 | ・1つのカスタムビデオアバター<br>・AIによる信頼性と安全性の確保<br>・動画の共有とエクスポート<br>・標準的な動画処理速度<br>・500以上のストックアバタールック | ・Freeプランのすべての機能<br>・ウォーターマークの除去<br>・高速な動画処理 |

　本書で紹介する HeyGen の画面等は執筆時のものです。Creator プランでの解説となっています。

はじめに . . . . . . . . . . . . . . . . . . . . . . . . . . . . . . . . . . . . . . . . . . . . . . .3

動画投稿と AI アバターチューバー制作ツール「HeyGen」 . . . . . . . .5

## 第 1 章
### 顔出しも声出しも撮影も不要!? AI アバターチューバーの基礎理解　14

1 YouTuber、VTuber、AI VTuber とは何か? . . . . . . . . . . . . . . .14

2 YouTuber(ユーチューバー) . . . . . . . . . . . . . . . . . . . . . . . . . . .15

3 VTuber(ブイチューバー) . . . . . . . . . . . . . . . . . . . . . . . . . . . . .15

4 AI VTuber(エーアイ ブイチューバー) . . . . . . . . . . . . . . . . . .16

5 簡単な違いのまとめ . . . . . . . . . . . . . . . . . . . . . . . . . . . . . . . . . .16

6 各スタイルの課題 . . . . . . . . . . . . . . . . . . . . . . . . . . . . . . . . . . . .17

7 AI アバターチューバーとは? . . . . . . . . . . . . . . . . . . . . . . . . . .18

8 AI アバターチューバー制作フロー . . . . . . . . . . . . . . . . . . . . . .21

9 なぜ今 AI アバターなのか?
　 AI アバターチューバーのメリット 3 選 . . . . . . . . . . . . . . . . . .22

10 これから YouTube を始める人にとってのチャンス . . . . . . . . .24

## 第 2 章
### チャンネルコンセプトの確立方法　26

1 コンテンツ生成フレームワークの概要 . . . . . . . . . . . . . . . . . . .26

2 ステップ 1:ビジョン . . . . . . . . . . . . . . . . . . . . . . . . . . . . . . . .27

3 ゴールを決める . . . . . . . . . . . . . . . . . . . . . . . . . . . . . . . . . . . . .33

4 ステップ 2:コンセプト . . . . . . . . . . . . . . . . . . . . . . . . . . . . . .34

## 第 3 章
### 需要リサーチとコンテンツ戦略の構築　40

1 ステップ 3:リサーチ . . . . . . . . . . . . . . . . . . . . . . . . . . . . . . . .40

2 ステップ 4:MVP 生成(最小限のコンテンツ作成) . . . . . . . . .51

## 第4章
### マネタイズ&プロモーション計画　58

1　ステップ5：マネタイズ計画..........................58
2　ステップ6：プロモーション計画.......................60
3　ステップ7：コンテンツ制作（チャンネル開設&設定方法）...61
4　YouTubeアカウントの種類を理解しよう.................61
5　自分のアカウントがブランドアカウントか確認する方法......63
6　個人用アカウントからブランドアカウントに移行する方法....64
7　YouTubeチャンネル開設の手順.......................64

## 第5章
### HeyGenのAIアバターの作り方　70

1　ステップ1：HeyGenに登録..........................70
2　ステップ2：AIアバターを生成する.....................75
3　ステップ3：Instant Avatarを生成する................76
4　ステップ4：撮影する...............................77
5　ステップ5：アップロードと同意画面...................79
6　ステップ6：Photo Avatarで簡単に
　　写真からアバターを生成............................82
7　ステップ7：プロンプトでアバター生成..................91

## 第6章
### HeyGenのAIアバター動画を作る流れ　96

1　ステップ1：テンプレートからスライドを作成する.........96
2　ステップ2：スライド編集...........................97
3　ステップ3：音声とスクリプトの編集...................98
4　ステップ4：動画生成（Submit）..................... 101
5　ステップ5：多言語対応............................ 102

## 第7章
### HeyGen の基本的な操作方法 　　　　　　　　　108

**1** トラックとは？. . . . . . . . . . . . . . . . . . . . . . . . . . . . . . . . . 108

**2** 要素トラック . . . . . . . . . . . . . . . . . . . . . . . . . . . . . . . . . . 109

**3** アバタートラック . . . . . . . . . . . . . . . . . . . . . . . . . . . . . . . 110

**4** シーントラック. . . . . . . . . . . . . . . . . . . . . . . . . . . . . . . . . 110

**5** テキストからスクリプトへの変換（TTS）トラック. . . . . . . 111

**6** オーディオ（音声）の追加方法. . . . . . . . . . . . . . . . . . . . . 112

**7** 「自動リンク」を使用して
ビデオクリップをスクリプトに一致させる方法 . . . . . . . . . . 114

**8** 動画 Submit 時の警告 . . . . . . . . . . . . . . . . . . . . . . . . . . . . 114


## 第8章
### 実践チュートリアル
### HeyGen で AI アバター動画制作をやってみる 　　　　118

**1** 動画編集画面へのアクセス . . . . . . . . . . . . . . . . . . . . . . . . . 118

**2** テンプレートの選択と編集 . . . . . . . . . . . . . . . . . . . . . . . . . 120

**3** テキスト編集 . . . . . . . . . . . . . . . . . . . . . . . . . . . . . . . . . . 123

**4** 音声・スクリプト設定 . . . . . . . . . . . . . . . . . . . . . . . . . . . . 125

**5** シーン追加・削除と長さ調整. . . . . . . . . . . . . . . . . . . . . . . . 128

**6** 新規スクリプトの追加 . . . . . . . . . . . . . . . . . . . . . . . . . . . . 130

**7** シーンの再配置と調整 . . . . . . . . . . . . . . . . . . . . . . . . . . . . 132

**8** 動画プレビューと書き出し . . . . . . . . . . . . . . . . . . . . . . . . . 134

**9** コラボレーションとシェア . . . . . . . . . . . . . . . . . . . . . . . . . 136

**10** シチュエーション別
動画テンプレート完全活用ガイド . . . . . . . . . . . . . . . . . . . . 141

## 第9章
# HeyGen のβ版機能紹介
## 〜未来の動画作成体験を先取り！〜　　　150

**1** β版機能にアクセスする方法. . . . . . . . . . . . . . . . . . . . . . . . 150

**2** 現在利用可能な5つのβ版機能. . . . . . . . . . . . . . . . . . . . . . 151

**3** Interactive Avatar：
驚くほど自然な会話型 AI 体験！. . . . . . . . . . . . . . . . . . . . . 153

**4** Personalized Video：
パーソナライズされた動画メッセージを
一度の録画で大量配信！. . . . . . . . . . . . . . . . . . . . . . . . . . . 159

**5** Instant Highlight：
長い動画を簡単にハイライト動画に変換！. . . . . . . . . . . . . . .161

**6** Instant Highlight の使い道のアイデア. . . . . . . . . . . . . . . . 164

**7** URL to Video：
ウェブページを魅力的なビジュアルストーリーに変換！. . . . 165

**8** URL to Video の使い道のアイデア. . . . . . . . . . . . . . . . . . . 169

**9** Video Podcast：
PDF をポッドキャストに変換. . . . . . . . . . . . . . . . . . . . . . . 170

**10** Video Podcast の使い道. . . . . . . . . . . . . . . . . . . . . . . . . . . 173

**11** 動画制作分野における
今後のトレンド予測. . . . . . . . . . . . . . . . . . . . . . . . . . . . . . . 173


## 第10章
# プロ並みの動画品質へ！
## スライド制作 AI ツール 5 選　　　176

**1** HeyGen の弱点と補完策. . . . . . . . . . . . . . . . . . . . . . . . . . . 176

**2** Canva：直感的でデザイン豊富な万能ツール. . . . . . . . . . . . . 177

**3** Gamma：AI によるスライド生成と直感的編集が魅力. . . . . . 178

**4** Felo：国産ツールならではの使いやすさ. . . . . . . . . . . . . . . 179

**5** PowerPointでのCopilot：
信頼と進化を兼ね備えた定番ツール . . . . . . . . . . . . . . . . . . . . 180
**6** Napkin.AI：図解生成に特化した次世代ツール . . . . . . . . . . . 181

## 第11章
### AIアバターの音声をより自然にする方法　184

**1** パターン1：AIが発音しやすいスクリプトに修正する . . . . . 184
**2** パターン2：自分で声を録音して使う . . . . . . . . . . . . . . . . . . . 185
**3** パターン3：外部の音声AIサービスとの連携 . . . . . . . . . . . 187
**4** パターン4：学習用のサンプル音声を活用する . . . . . . . . . . 188

## 第12章
### AIアバターチューバーの未来　200

**1** 自己生成的パーソナリティの確立：成熟する "人格" の誕生 . . 200
**2** 相互学習的コミュニティ：ファンとAIの共創 . . . . . . . . . . . 201
**3** 現実と仮想の再定義：心理的リアリティへの踏み込み . . . . . . 201
**4** ブランド・アイデンティティとしてのAIキャラクター . . . . . 201
**5** 創造的カルチャーへの波及効果：共創型エンタメの隆盛 . . . . 202
**6** 倫理・規制・社会的合意の重要性 . . . . . . . . . . . . . . . . . . . . . . 203
**7** 「出会い」の再創造と新たな経済圏 . . . . . . . . . . . . . . . . . . . . 203
**8** AIエージェントとAIアバターチューバー：
プロンプトひとつで動画が完成する未来 . . . . . . . . . . . . . . . . 204
**9** 新時代への扉：無限に続く創造と変貌 . . . . . . . . . . . . . . . . . 205

おわりに：レビューにはすべて返信します . . . . . . . . . . . . . . . . . 206

## 巻末資料
### タイムラインの操作説明　208

# 第1章

「YouTube を始めたいけれど、
顔出しや撮影のハードルが高い……」

　そんな思いに一度でも悩んだことがある方に朗報です。
　本章で紹介する「AI アバターチューバー」は、撮影も声出しも不要なうえ、リアルな存在感を保ちながらコンテンツを配信できる新たな手法。YouTuber や VTuber がたどってきた流れを整理しつつ、AI がもたらす可能性とメリットを探究していきます。
　「自分には無理かも」とあきらめていた動画クリエイションの道を、もう一度切り拓くきっかけになるかもしれません。新しい表現の世界へ、一歩踏み出してみませんか？

## 第1章

# 顔出しも声出しも撮影も不要！？ AIアバターチューバーの基礎理解

　YouTube での活動を試みたものの、機材や撮影、顔出しや編集など、さまざまなハードルによって挫折してしまった方へ——。「AI アバターチューバー」という新たなスタイルが、そんなあなたに新しい可能性をもたらします。

　私自身、これまで何度も YouTube 運営に挑戦しては壁に突き当たりました。しかし「AI アバターチューバー」という選択肢に出会ったことで、再びコンテンツ制作の楽しさを見いだすことができています。

　この章では、YouTuber、VTuber、そして AI VTuber という 3 つの概念を整理した上で、なぜ「AI アバターチューバー」が今注目されるのか、そしてそのメリットとは何なのかを明らかにしていきます。

## 1　YouTuber、VTuber、AI VTuber とは何か？

　YouTuber、VTuber、そして AI VTuber——これら 3 つのスタイルは、YouTube 上のコンテンツ発信を象徴的に進化させてきました。

　YouTuber は、実際の人物が直接カメラの前に立ち、自分自身として情報やエンターテインメントを届けます。一方、VTuber は、人間が操作するバーチャルキャラクターを介し、フィクション性や世界観を織り交ぜながら視聴者と交流します。そして、その先にあるのが AI VTuber。AI が組み込まれたバーチャルキャラクターが、自律的あるいは半自律的にコンテンツを生成・発信し、クリエイティブな可能性をさらに拡張します。

この章では、YouTuber、VTuber、AI VTuber のそれぞれが何を意味し、どのような特徴・違いを持っているのかを明確にし、今後のコンテンツ制作スタイルを理解する上での基盤を築いていきましょう。

## 2 | YouTuber（ユーチューバー）

YouTuber は、YouTube 上で動画を制作・公開し、ファンや視聴者と交流するクリエイターの総称です。多くの場合、実際の人物が登場し、商品のレビュー、ゲーム実況、Vlog、メイクや料理のチュートリアルなど、多彩なコンテンツが展開されます。

**ポイント**

顔出しや撮影が必要な場合が多く、編集やプライバシー保護が課題となります。

## 3 | VTuber（ブイチューバー）

VTuber（Virtual YouTuber）は、バーチャルなキャラクターアバターを介して活動する YouTuber の一形態です。

3D モデルや 2D アニメーションを駆使し、モーションキャプチャやフェイストラッキング技術を用いてリアルタイムで表情や動きを反映させます。

**ポイント**

アニメキャラクターのようなビジュアルによってプライバシーを保護でき、独自の世界観を展開できますが、モデル制作や技術コストがネックになります。

# 4 ｜AI VTuber（エーアイ ブイチューバー）

AI VTuber は、VTuber の中でも特に AI 技術を活用したキャラクターです。

人工知能が自律的、または半自律的に台本に沿った会話・動作を行い、視聴者との対話やコンテンツ生成をサポートします。高度な言語モデルや生成 AI の進歩によって、自然な会話や即興対応、さらに学習を重ねることで徐々に進化する存在です。

**ポイント**

> 制作者の手間を軽減し、24 時間稼働も可能な一方、技術的ハードルやオリジナリティ確保が課題となります。

# 5 ｜簡単な違いのまとめ

これら、YouTuber、VTuber、AI VTuber はインターネット上でコンテンツを提供する形が進化してきた過程を反映しており、それぞれが異なる魅力を持っています。

**YouTuber、VTuber、AI VTuberの比較表**

| 種類 | 中心となる存在 | 必要要素 | 主な特徴 |
|---|---|---|---|
| YouTuber | 実際の人物 | カメラ・撮影 | リアルな人間味、直接的な信頼感 |
| VTuber | バーチャルキャラクター＋人間操作者 | 3Dモデル・モーションキャプチャ | アニメ的世界観、プライバシー保護 |
| AI VTuber | バーチャルキャラクター＋AI | AI技術・プログラミング | 自律生成コンテンツ、24時間稼働、継続進化 |

# 6 | 各スタイルの課題

これまでのYouTuber、VTuber、AIVtuberの課題をそれぞれ説明します。

## ◗ YouTuber の課題

次に示す「撮影の負担」「編集の負担」「プライバシーの問題」といった課題があります。

### 撮影の負担

自らカメラに映る必要があるため、準備段階から大きな労力がかかります。理想的なロケーションを探し、撮影許可を得る手間に加え、撮り直しが頻発することも少なくありません。

### 編集の負担

クオリティを維持するため、編集スキルや多大な時間が求められます。

### プライバシーの問題

顔出しで生活を公開すると、個人情報の流出やストーカー被害など現実的なリスクが伴います。

## ◗ VTuber の課題

次に示す「キャラクターデザインとモデリングのコスト」「技術的なハードル」「人間味の欠如」といった課題があります。

### キャラクターデザインとモデリングのコスト

3D モデルやイラスト制作、アニメーションには専門的知識と費用がかかります。

### 技術的なハードル

モーションキャプチャ機材やソフトウェア導入など初期投資が必要です。

### 人間味の欠如

バーチャルな存在が故に、視聴者との信頼関係形成が難しいこともあります。

## ▶ AI VTuber の課題

次に示す「AI の限界」「オリジナリティの欠如」「技術的なハードル」といった課題があります。

### AI の限界

AI VTuber は人工知能によって自動生成されるコンテンツが多く、人間のような自然なコミュニケーションが難しい場合があります。

### オリジナリティの欠如

AI が生成するコンテンツはパターン化されやすく、視聴者に飽きられるリスクがあります。実際、大成功したと言える AIVtuber がまだいません。

### 技術的なハードル

AI Vtuber を動かすにはプログラミング知識が必要になります。

# 7 ｜AI アバターチューバーとは？

「AI アバターチューバー」は、本書独自の造語です。従来の VTuber は「バーチャルキャラクター＋人間操作者」が基本でしたが、AI アバターチューバーはこれをさらに発展させ、「リアルな人間そっくりの AI アバター＋人間もしくは AI 操作者」を軸とする新しいスタイルを指します。

テキストや原稿（人間またはAIが作成したもの）を**合成音声**と**リップシンク**技術で映像化することで、あたかも実在の人物が話しているかのような動画を生成できます。

　合成音声は、コンピュータを使って、人間が話しているような声を人工的に作り出す技術です。たとえば、スマートフォンに「今日は晴れ？」と聞くと、機械の声で答えが返ってくることがありますよね。あれが合成音声の一例です。あらかじめ入力された文章を、機械が「声」に変えて読み上げてくれるイメージです。

　リップシンクとは、キャラクターの口の動きを、合成音声が発する言葉に合わせる技術のことです。

　たとえば、アニメキャラクターの口が、「あ」「い」「う」「え」「お」の形に動くタイミングを、合成音声が読み上げる音声にピッタリ合うように調整します。こうすることで、キャラクターが本当にしゃべっているように見せかけることができます。

　さらに、事前に本人の声や画像・映像を学習させることで、見た目や声質が「本物の本人」に極めて近いAIアバターを作り出すことが可能になりました。

　YouTuber、VTuber、AI VTuber,AIアバターチューバーの違いを以下のポジションマップで整理しています。

▍YouTuber、VTuber、AI VTuber,AIアバターチューバーの違いのポジションマップ

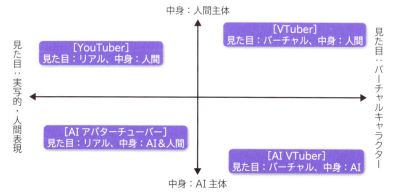

AIアバターチューバーのシステムは私が作ったものではありません。しかし、このアイデアは私が2017年に未踏事業で取り組んだテーマでもあります。未踏事業とは独創的なアイディアと優れた技術を持つ25歳未満の若いIT人材を発掘・育成する国の事業です。

　当時、リアルな人間に近いアバターが授業を行うプラットフォームの開発を試みました。その頃もリップシンクや合成音声といった技術は使っていましたが、精度は低く、音声は自分自身の声を再現できず、3DモデルもUnityの汎用アセットを流用していたため、個人固有の特徴を反映できませんでした。

▍AIが教える学校プロモーションビデオ(https://youtu.be/45jHAhs2I7M)(筆者が作成したアバターが授業をするオンラインの学校)

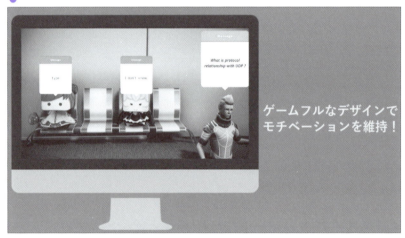

　なぜ私がこの技術に惹かれたのか――その背景には、自身の中学時代の経験があります。不登校で期末試験の数学が0点という挫折、さらには教師からのいじめに苦しんだ過去があり、当時の私は「AIが教師をする学校」を夢見ていました。人間に代わって学びを支えられる存在があれば、過去の自分のように学習環境に苦しむ生徒を救えるかもしれないと考えたのです。いまやAI技術は目覚ましい速度で進歩しており、「AIが教師を務める

学校」の実現は、もはや遠い未来の夢物語ではありません。むしろ、その
ような教育環境は、現在の技術基盤を一歩ずつ拡張していくことで、近い
将来に現実となり得るのです。

# 8 ｜AI アバターチューバー制作フロー

　AI アバターツール HeyGen で AI アバターチューバーを作り上げる流れ
は、次のようなステップで進行します。

## ▶ 1. テンプレートの選択

　利用するツールやプラットフォームに用意されたアバター・スライドな
どのベース素材から、目的に合ったテンプレートを選びます。

## ▶ 2. AI アバターの追加

　AI アバターをテンプレートに追加します。

## ▶ 3. 原稿 ( スクリプト ) の入力

　動画で伝えたい内容をテキストとして用意し、合成音声やリップシンク
機能を用いて、アバターが話すシナリオを作成します。

## ▶ 4. スライドの編集

　必要に応じてスライド（背景、画像、文字情報）を調整・修正し、視覚
的な補助資料として整えます。

## ▶ 5. 動画編集

　完成したアバター映像とスライドを組み合わせ、トランジションや効果
音などを追加して、一本の完成度の高い動画に仕上げます。

## ▶6. 投稿

完成した動画をYouTubeなどのプラットフォームにアップロードし、公開します。

■AIアバターチューバーの編集の様子（HeyGen）

## 9 | なぜ今AIアバターなのか？<br>AIアバターチューバーのメリット3選

YouTubeを既に始めている人にとっても、まだ始めていない初心者にとっても、AIアバターチューバーは新たなチャンスを提供します。代表的なメリットは、自分の声や画像を使用して信頼感を構築、撮影が不要音声撮り直しのコストがゼロ、多言語対応が簡単の3つあります。

### ▶自分の声や画像を使用して信頼感を構築

AIは、あなたの声や顔写真などを学習して、本物そっくりのアバターを生成できます。これにより、実際に"顔出し"をしなくても、視聴者に対して信頼できる「人格」を提示することが可能になります。たとえば、ビジネス用途では、あなたのブランドや専門性をアバターが代弁し、視聴者に安心感と説得力を与えることができます。

## ■ 撮影が不要　音声撮り直しのコストがゼロ

　AIアバターチューバーはテキストやスクリプトを入力するだけでコンテンツを生成可能。物理的な撮影が不要なため、撮影環境や機材に制約されません。音声は合成音声で生成できるので、修正も容易。合成音声を使うとテキストを変えればすぐに音声を差し替え可能なため、制作効率は格段に上がります。

## ■ 多言語対応が簡単

　AI技術を使うことで、スクリプトを翻訳し、すぐに多言語版のコンテンツを制作できます。海外の視聴者層への展開が容易となり、グローバルな発信力を獲得できるでしょう。

## ■ 顔写真をもとにしたアバターなら、結局顔出しと同じでは？

　一見すると、顔写真をもとにしたアバターは「デジタルな顔出し」のようにも思えますが、実際は大きく異なります。AIアバターで使用されるのは、あくまで「学習済みデータ」であって、あなた自身の実写映像をリアルタイムで晒すわけではありません。さらに、アバターは後からいくらでも差し替えが可能です。たとえば、より抽象的なキャラクターに切り替えたり、別の表情セットを適用したりすることができるため、プライバシーや実生活の容姿情報を固定的に公開せずに済みます。

　また、HeyGenが用意している150種のアバターを採用することも可能です。この方法を用いれば、あなた本人に似せた顔を使わずとも、独自のブランドイメージやメッセージ性を保ちながら、プライバシーを守りつつ活動できるのです。これにより、「顔出し＝生身を晒す行為」という従来のイメージから脱却し、新たな動画制作スタイルを確立できます。

# 10 これから YouTube を始める人にとってのチャンス

　まだ YouTube を始めたことがない方や、過去に挑戦して挫折した方にとっても、AI アバターチューバーは大きな一歩を踏み出す後押しとなります。私自身、かつては撮影や編集の手間に悩み、諦めかけていました。しかし、AI アバターチューバーを活用することで、撮影なし・簡易な編集で、スキマ時間でもコンテンツ制作が可能になりました。

　もちろん、現状の AI 技術には課題があります。日本語音声合成の自然さにはまだ向上の余地があり、表情や感情表現のバリエーションも限定的です。それでも、これまで映像制作を諦めていた方が一歩を踏み出せる手段として、このテクノロジーには大きな可能性が秘められています。

　もしもこの技術を活用することで、新たなクリエイターが続々と生まれ、多様なジャンルのコンテンツが世に出るとしたら——それは、YouTube という舞台全体の活性化につながるでしょう。

---

**第 1 章のまとめ**

　この章では、YouTuber、VTuber、AI VTuber、そして AI アバターチューバーの特徴や課題を整理し、新たな可能性を秘めた「AI アバターチューバー」について学びました。撮影不要や多言語対応といった利点は、これから挑戦する方に大きな後押しとなるはずです。次章では、ビジョン設定やコンセプト設計を通じて、より明確な方向性を持つチャンネルづくりに踏み出しましょう。

# 第2章

「YouTube チャンネルを始めるなら、
まず何から手をつければいいのだろう？」

　そんな疑問を抱えたまま、なかなか最初の一歩を踏み出せずにいませんか？　本章では、「コンテンツ生成フレームワーク」を活用し、視聴者の心をつかむチャンネルを作るための"土台"を築く方法を解説していきます。

　具体的には、ビジョンの設定から目的の明確化、ターゲット層の分析、そしてコンセプト設計まで、成功するチャンネル運営に欠かせない要素を順を追ってご紹介。これらをしっかり押さえることで、あなたの YouTube チャンネルは明確な方向性を持ち、強い発信力でより多くの視聴者を惹きつけられるはずです。

# 第2章

# チャンネルコンセプトの確立方法

　拙著『知識ゼロからの生成 AI を活用した不労所得マシンの作り方』(秀和システム刊)では、コンテンツ制作を効率的に進めるために「7 つのステップ」で構成されるコンテンツ生成フレームワークを提案しました。本書では、そのフレームワークを YouTube チャンネルの立ち上げや改善へと応用し、視聴者ニーズに合ったチャンネル設計の方法を解説していきます。

　まずこの章では、コンテンツ発信を成功へ導く「チャンネルコンセプトの確立」に焦点を当てます。具体的には、ビジョンの設定、チャンネルを通じて達成したい目的やターゲット層の明確化、そしてコンセプト設計といったステップを順を追ってわかりやすく紹介していきます。これらをしっかり固めることで、あなたの YouTube チャンネルは明確な方向性と強い発信力を備え、より多くの視聴者を惹きつける土台が築かれることでしょう。

## 1 ｜コンテンツ生成フレームワークの概要

　コンテンツ生成フレームワークは以下の 7 つのステップで構成されています。

### ▶ ステップ 1：ビジョン
　人生の目的を達成した際の理想的な姿を描きます。

### ▶ ステップ 2：コンテンツのコンセプト決定
　「誰の」「どんな課題を」「どうやって」解決するかを決定します。

## ▶ ステップ3：リサーチ

需要があるコンテンツになるかを調査します。本ステップは第3章で説明します。

## ▶ ステップ4：MVP 生成

最小限のコンテンツを作成し、コンテンツの需要を検証します。本ステップは第3章で説明します。

## ▶ ステップ5：マネタイズ計画

価格や費用などを整理します。本ステップは第4章で説明します。

## ▶ ステップ6：プロモーション計画

コンテンツを普及させる計画を立てます。本ステップは第4章で説明します。

## ▶ ステップ7：コンテンツ生成

コンテンツを実際に生成します。本ステップは第5章以降で説明します。

# 2 ｜ステップ1：ビジョン

**ビジョン**とは、あなたが人生の目的を成し遂げたときに、どのような理想の状態を実現しているかを具体的に思い描くものです。「人生の目的」とは、これからの人生で何を達成したいのか、どんな価値を生み出したいのかを明確にしたものといえます。

ビジョンがはっきりしていると、「なぜコンテンツを作るのか」という根本的な理由が明らかになり、モチベーションを維持しやすくなります。さらに、ビジョンをもとにすれば、コンテンツ制作の方向性が明確になり、

必要なリソースや時間をより効果的に活用することができます。

　また、ビジョンに沿ったコンテンツを発信することで、あなたのパーソナルブランドが強化され、特定の分野における専門性や信頼性が高まります。その結果、ファンやフォロワーからの支持を得やすくなるでしょう。

　なお、人生全体のビジョンとは別に、YouTube というプラットフォームにおける明確な「ビジョン」や「目標」を定めることも大切です。これによって、より戦略的なコンテンツづくりが可能になり、チャンネルの成長を後押しします。

【わたしのビジョンがどのように形成されたかについて】
　私のビジョンは、「自由に生きるための武器を共有する」ことです。この考えに至った背景には、中学時代の経験があります。私は不登校に陥り、教師からのいじめに悩まされ、「この先、自分は社会で本当にやっていけるのだろうか」という不安に苛まれていました。そんな中、自分一人でも自由に生き抜くための手段がほしいと切実に感じていたのです。
　その思いが、やがてプログラミングとの出会いにつながりました。プログラミングは、私がアプリを作り、自らの力で価値を生み出す道を開いてくれた「武器」でした。そこで得た自信やスキルを、多くの人々にも届けたいと考えるようになり、プログラミング関連の書籍を執筆し、子ども向けのプログラミングスクールを運営するに至りました。また、大学では学生起業を専門に教え、若い世代が自立した道を切り拓くサポートも続けています。
　そして、いま私が注目しているのが「生成AI」という新たなテクノロジーです。これは、これまで以上に多くの人が自由に生きるための強力な手段となり得ると確信しています。私が掲げるビジョンは、時代とともに進化しながら、より多くの人々が自らの力で未来を切り開けるよ

うな「武器」を提供し続けることにあります。

　以下は、具体的なビジョンを見つける手がかりとなる「人生の情熱を見つける 30 の質問リスト」です。これらの質問を自問することで、自分の本当に望む生き方や価値観を明確にし、より具体的なビジョンを育むことができます。

■人生の情熱を見つける30の質問リスト

Q01 もし何の制約もなく、何でもできるとしたら、最初に取り組むことは何ですか？

Q02 あなたが時間を忘れるほど夢中になれることは何ですか？

Q03 子供の頃に一番楽しんだ遊びや活動は何ですか？

Q04 あなたが最も心配なく、自由を感じる場所や状況はどこですか？

Q05 他人から頻繁に頼まれることや助言を求められることは何ですか？

Q06 過去に最も誇りに思った瞬間はどんな時ですか？

Q07 あなたの価値観を最も反映している出来事や経験は何ですか？

Q08 何かを失敗した時、それでも続けたいと思ったことは何ですか？

Q09 自分のためだけでなく、他人のために成し遂げたいことは何ですか？

Q10 どんな状況でも失わずに持ち続けたい信念や価値観は何ですか？

Q11 何に対して不満や不平を感じることが多いですか？それを変えたいと思いますか？

Q12 他人がしていることを見て「自分もこれができるはずだ」と感じたことは何ですか？

Q13 あなたが最も感動した作品や人の特徴は何ですか？

Q14 将来の自分が後悔しないために、今何を始めるべきだと思いますか？

Q15 あなたが一番大切にしている時間の使い方は何ですか？

Q16 誰かに感謝されることで、最も満たされたと感じた瞬間はいつで
すか？

Q17 自分の人生で最も挑戦してみたいことは何ですか？

Q18 あなたの人生における「もしも」の後悔は何ですか？それをどう
変えられますか？

Q19 最も自分らしいと感じるとき、それはどんな時ですか？

Q20 自分のスキルや才能で他人を助けられるとしたら、何をしたいで
すか？

Q21 自分の好きな人たちに囲まれた完璧な一日はどのように過ごしま
すか？

Q22 あなたが特に熱心に話すことができるトピックは何ですか？

Q23 最もストレスを感じずに自然とできることは何ですか？

Q24 自分がいなくなった後、どのような形で他人に影響を残したいで
すか？

Q25 過去の失敗から学んだ一番大きな教訓は何ですか？

Q26 人生のどんな場面でもっとリスクを取っておけばよかったと思い
ますか？

Q27 自分の人生の中で最も大きな変化をもたらした経験は何ですか？

Q28 もし明日何も失うことがないとしたら、今日何を試しますか？

Q29 あなたの情熱や目的を見つけるために、一番乗り越えたいと思う
障害は何ですか？

Q30 最後に、自分の人生に満足するために、今何を始めるべきだと思
いますか？

## ▶ YouTube を始める目的を見つける

　YouTube に挑戦するとき、最も重要なことは「目的」を明確にするこ
とです。ただ漠然と動画を投稿しているだけでは、何を目指しているのか
不明確なまま。その結果、方向性を見失い、挫折するリスクが高まります。
逆に、はじめに「なぜ YouTube をやるのか」を明らかにしておけば、そ

の後のコンテンツ企画や制作、運営戦略がスムーズに進み、成功への道が開けるのです。

ここでは、YouTube を始める目的を 5 つのカテゴリーに分けて整理します。この中から自分に合った目的を選び、その中でも優先度をつけてみましょう。どの目的が一番大切なのか、次いで大切なのか、はっきりさせることで、チャンネルコンセプトや行動計画が自然と定まります。

## 1. 収益・ビジネス目的

YouTube は、動画共有プラットフォームにとどまらず、大きな収益を生むビジネスツールとしても注目されています。収益やビジネス展開が主眼にある場合、以下のような目的が該当します。

- ・広告収入やスーパーチャットなどで収益を獲得したい
- ・自社商品・サービスの認知拡大や販売促進をしたい
- ・インフルエンサー、クリエイターとして新たなキャリアを築きたい
- ・製品レビューやマーケティング実験の場として活用したい

## 2. 自己表現・成長目的

自分の趣味、特技、価値観を発信したり、新たなスキル習得を通して成長したい方は、こちらのカテゴリーがおすすめです。

- ・趣味や情熱を共有して共感を得たい
- ・自己ブランディングを行い、自分の存在感を高めたい
- ・創作活動（映像制作、音楽制作など）でクリエイティビティを発揮したい
- ・自分の成長プロセスを記録し、達成感やモチベーションを高めたい

## 3. 教育・情報発信目的

視聴者に役立つ情報を届け、知識やスキルの普及に貢献したい人は、このカテゴリーに注目してください。

・専門知識やノウハウを分かりやすく伝えたい

・旅や経験談を共有し、人々の世界観を広げたい

・社会的な問題提起や、モチベーションアップのメッセージを発信したい

・文化・サブカルチャー（映画、アニメ、音楽など）を紹介したい

## 4. 娯楽・コミュニケーション目的

　視聴者を楽しませ、笑顔にし、交流を深めることが目的の場合は、こちらが該当します。

・エンタメ性のある動画（コメディ、パロディ、ゲーム実況など）で笑いを提供したい

・視聴者とのコミュニケーションを通じてコミュニティを育てたい

・新たな仲間やファンと出会い、一体感を味わいたい

## 5. 記録・ドキュメント目的

　YouTube を「映像のアルバム」として活用する場合は、このカテゴリーがおすすめです。

・日常生活や旅行の記録を残し、後から振り返りたい

・趣味や学習プロセスを動画に収め、成長の軌跡を見える化したい

# ▶ 次のステップ：優先順位をつけて方向性を固める

　上記の 5 つのカテゴリーから、自分にとって最も重要なもの（1 位）と、次に大切なもの（2 位）を選びましょう。たとえば、「1 位：収益を得る」「2位：趣味・情熱を共有する」と決めたら、「自分が好きな分野で収益を上げられるチャンネル」を考えることになります。

　このように優先順位を明確にすることで、チャンネルの方向性やコンテンツスタイル、運営手法が自然と絞り込まれ、具体的な行動計画につなげやすくなります。

# 3 ｜ゴールを決める

　「ゴール」とは、あなたが設定した「目的」を最終的に達成したときの到達点を指します。ゴールは、行き先を示すコンパスのような役割を果たし、あなたの YouTube チャンネル運営に一貫性と方向性を与えてくれます。

　私がアメリカの MBA プログラムで学んだ、良い目標設定の基準は以下の 5 つです。

　　・単一かつ具体的なテーマに関すること
　　・活動ではなく「結果」にフォーカスしている
　　・測定可能（定量的）である
　　・達成期限が明記されている
　　・達成可能で挑戦的なもの
　　　　出典：J. Paul Peter, James Donnelly, A Preface to Marketing Management,
　　　　McGraw-Hill College; 第 15 版 ,2018.

　これら 5 つの基準を満たしたゴールを設定することで、あなたの YouTube チャンネルの成長指針が明確になります。ゴールが明確になれば、どのようなコンテンツを作り、どのようなマーケティング手法を採用し、どの程度の頻度で投稿するかといった判断も容易になるでしょう。

　たとえば「収益化」という目標がある場合、ただ漠然と「お金を稼ぎたい」と考えるのではなく、「○年○月までにチャンネル登録者数 1 万人を達成し、広告収益で月 10 万円を得る」といった、より具体的で測定可能な形に落とし込むことが重要です。

# 4 ｜ステップ2：コンセプト

　**コンセプト**とは「プロジェクト全体を貫く新しい観点」を意味します。
　コンセプトは大きく分けると「誰の」「どんな課題を」「どのように解決するか」の3要素で構成されます。
　例えばスターバックスのコンセプト「サードプレイス」は、会社と自宅以外で落ち着ける場所を求めるビジネスパーソンに第3のリラックスできる場所を提供しています。
　前のステップで、あなたはビジョンや YouTube を始める目的を整理しました。ビジョンは「理想の未来像」を示し、YouTube を始める目的は「具体的なゴール」を定義します。これらを土台に、ここからは「コンセプト」を固めていきましょう。

## ▶ 「誰の」
　あなたの動画を必要としている人、理想的な視聴者は誰か？

## ▶ 「どんな課題を」
　その視聴者は、理想の状態と現状の間にどんな差や悩みを抱えているのか？

## ▶ 「どのように解決するか」
　あなたのコンテンツを通じて、どのように課題解決へ導くのか？

　この3点をクリアにすることで、視聴者にとって価値のあるチャンネルづくりが可能になります。

■ コンセプト確立の流れの図

## ■ 顧客（視聴者）の課題を特定する

理想の状態（ゴール）と現状の差が「課題」です。たとえば、

- 「現状：肌荒れが気になる」
- 「理想の状態：ツヤのある美しい肌」

この差が「課題」となります。また、肌荒れの原因である「不規則な食生活」も課題です。つまり、理想の状態から逆算することで、視聴者が抱える問題点が浮かび上がります。

コンセプト設定では、まず顧客となる視聴者の「理想の状態」を明確にしましょう。それがわかれば、視聴者が現状とのギャップを解消するために、あなたのコンテンツを「雇用」する（利用する）理由が明確になります。

## ■ ジョブ理論を活用して理想の状態を定義する

「ジョブ理論」[1] とは、クレイトン・クリステンセンによって提唱されたフレームワークで、人が商品やサービス（あなたのYouTubeチャンネ

---

[1]クレイトン・M・クリステンセンほか 著／依田 光江 訳／津田真吾 解説『ジョブ理論 イノベーションを予測可能にする消費のメカニズム』(ハーパーコリンズ・ジャパン、2017)

ルもこれに該当）を利用するのは、理想の状態へ進む「ジョブ」を果たしてもらうため、という考え方です。

- ・たとえば、ある人が「肌をきれいにしたい」という理想状態を持っているとします。現状は肌荒れがひどくて理想に届かない。このギャップを埋めるために、化粧品やスキンケア方法の情報を得るための動画を「雇用」するわけです。
- ・このとき、視聴者は「化粧品情報」という商品や「美容系YouTubeチャンネル」というサービスを使って、その差（肌荒れ→美肌）を埋めようとしています。

　YouTubeも同様で、「退屈な時間を有意義に過ごしたい」「特定のスキルを習得したい」といった理想状態を実現する手段として、視聴者があなたの動画を雇用するのです。

## ▶ ジョブストーリーフォーマットを使ったアイデア出し

　ジョブ理論を実践する際に便利なのが「ジョブストーリーフォーマット」です。

「～なとき、～したい。そうすれば～できる。」

　このフォーマットに沿って考えると、視聴者があなたのチャンネルを必要とする具体的な状況（＝ジョブ）を洗い出せます。

【例】

「仕事が終わって疲れているとき、何か軽く笑えるコンテンツを見たい。そうすれば気分がリフレッシュできる。」

⇒ この場合、視聴者は「疲れ」を現状、「気分のリフレッシュ」を理想

の状態としています。あなたは「笑えるコンテンツ」という解決策を提供することで、このジョブを達成できるわけです。

　複数のジョブストーリーを作成し、それらをアイデアリストとしてまとめましょう。その中から、自分のビジョンや YouTube 開始目的に合致するものを選んだり統合したりして、コンセプトを固めます。

## ▶ アイデアから課題を抽出する

　ジョブストーリーを元にアイデアを出したら、「～～したい。しかし〇〇ができない」という形で課題を明確にします。

【例】

「疲れたときに笑える動画を見たい。しかし、面白い動画を探すのに時間がかかりすぎる」

　ここで「面白い動画を探す手間」が課題として浮かび上がります。
　あなたのチャンネルが「短時間で笑いを提供するプレイリスト」や「特定ジャンルの面白動画まとめ」を提供すれば、この課題を解決できます。

## ▶ 課題の検証と代替策の発見：インタビューの活用

　コンセプトを固める際には、実際の視聴者やターゲットとなる人々へのインタビューが有効です。

　・「現在、その課題はどのように解決していますか?」
　・「理想の状態を実現するために、今どんなツールや方法を使っていますか?」
　・「もし何でもできるとしたら、どんな解決策を望みますか?」

こうした質問を通して、視聴者がどんな代替手段を使っているか、何に不満があるのかを把握できます。

ただし、顧客は必ずしも正解を知っているわけではありません。彼らの回答をそのまま受け取るのではなく、深読みし、隠れたニーズや本質的な課題を抽出することが重要です。

## ▶ ER（生存）・R（関係）・G（成長）の３欲求を意識する

アイデアを選ぶ際には、「生存」「人間関係」「成長」という基本的な人間の欲求（ERG理論）を満たせるものを選ぶとよいでしょう。

・生存欲求：
　役立つ知識（健康・お金・生活の質向上）
・人間関係欲求：
　他者とのつながり（コミュニティ、交流）
・成長欲求：
　スキルアップ、自己実現（学び、挑戦、上達）

あなたのコンセプトがこの３つの欲求のいずれか、もしくは複数を満たせるものであれば、視聴者の関心を引きつけやすくなります。

第２章まとめ

　この章では、ビジョンを明確にし、YouTubeを始める目的や視聴者ニーズを踏まえたコンセプトの固め方を学びました。ジョブ理論などを用いて課題を明確化し、人間の基本欲求（生存・関係・成長）を満たすコンセプトが有効です。次章では需要リサーチやMVP戦略を通じて、選んだ方向性を具体的な実行計画へと発展させましょう。

# 第3章

「視聴者の"求めるもの"は、一体どこにあるのか」

　ビジョンとコンセプトを練り上げたあなたが次に取り組むべきは、ニーズを確かめるための"需要リサーチ"と、最小限の試作品で効果を検証する"MVP戦略"です。本章では、ツールを活用したキーワード調査のやり方から、競合分析で差別化を図るポイント、さらに動画づくりの成功率を高めるための「サムネイルとタイトル先行」手法までを体系的に解説。

　「作りたい動画」と「視聴者が見たい動画」の交点を見つけ、無駄なく早く成果を出すための具体的なステップを、一緒に学んでいきましょう。

## 第3章

# 需要リサーチとコンテンツ戦略の構築

　この章では、あなたが立てたビジョンとコンセプトを具体的な戦略へと落とし込むための「需要リサーチ」や「MVP（Minimum Viable Product）戦略」の考え方を紹介します。自分が作りたいコンテンツと実際の視聴者ニーズが一致しているかを確認し、市場での勝算を高めるための実践的な方法を見ていきましょう。第2章からの続きで、ステップ3から始まります。

## 1 | ステップ3：リサーチ

　リサーチの目的は、「これから開設または改善しようとしているYouTubeチャンネルに需要があるか」を確かめることです。拙著『知識ゼロからの生成AIを活用した不労所得マシンの作り方』では、「R・STP・MM・I・C」というマーケティングフレームワークを基にしたリサーチ手法を紹介しました。本書では、この考え方をYouTubeというプラットフォームに応用します。

　YouTubeでリサーチを行う最大のメリットは、「既にYouTubeを見ている人」があなたの視聴者候補であること。つまり、YouTube内で検索されているキーワードや伸びているチャンネルを調べれば、効果的かつダイレクトに需要を把握できるのです。

　YouTubeの需要リサーチや分析には、vidIQ(https://vidiq.com/)とSocial Blade(https://socialblade.com/)が定番です。

## ▶ vidIQ とは？

vidIQ は、YouTube 動画やチャンネルを最適化するための分析ツールです。主な機能は以下の通りです。

### 【キーワードリサーチ】
視聴者がどんなトピックを求めているか把握可能

### 【競合分析】
他チャンネルの戦略や成功要因を学べる

### 【SEO 最適化】
検索順位を上げるためのアドバイスが得られる

vidIQ を使えば、あなたのビジョンやコンセプトに沿ったテーマが、実際の視聴者ニーズとマッチしているかを確認できます。

## ▶ ステップ 1：vidIQ をインストールする

vidIQ はブラウザ拡張機能やウェブアプリとして利用できます。以下の手順でインストールを進めましょう。

vidIQ の公式サイト（https://vidiq.com）にアクセスします。

▌vidIQのトップページ

Googleアカウントで登録します（YouTubeチャンネルと連携する必要があります）。

　推奨されるブラウザ（通常はGoogle Chrome）に拡張機能（https://vidiq.com/extension/）をインストールします。

　インストールが完了すると、YouTubeの検索結果ページや動画管理画面にvidIQの分析ツールが表示されるようになります。

■vidIQのchrome拡張を導入しYouTubeで「生成ai」を検索した画面

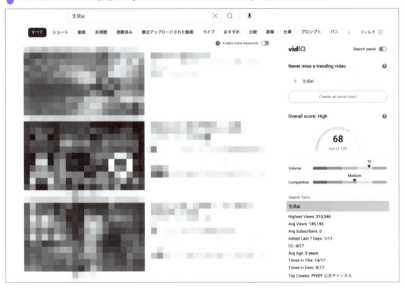

## ステップ２：チャンネルテーマの需要を調査する（キーワードリサーチ）

　vidIQのダッシュボードにアクセスし、「キーワードツール」を開きます。次に、自分のチャンネルで扱いたいトピック（例：「旅行ブログ」「生成AI」など）を入力し、以下の指標をチェックします。

【検索ボリューム（Search Volume）】
　そのキーワードがどれだけ検索されているか。基本的に高以上であればOKです。

### 【競争率（Competition）】

　同じトピックで動画を作成している他のクリエイター数。基本的に中以下であればOKです。

### 【全体スコア（Overall Score）】

　VidIQが総合的に評価したキーワードの魅力度。基本的に高以上であればOKです。

　例として「生成ai」を見てみましょう。

### 【検索ボリューム】

103,181で高い評価です。高以上のためOKです。

### 【競争率】

40.52で中の評価です。中以下のためOKです。

### 【総合評価】

69で高い評価です。高以上のためOKです。

■vidIQで[生成ai]を分析した画面

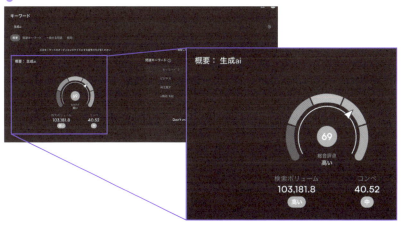

別の例で「AIアバターチューバー」（造語）を見てみましょう。

### 【検索ボリューム】
0。論外です。

### 【競争率】
26.64で低評価です。中以下のためOKです。

### 【総合評価】
29で低評価です。論外です。

▌vidIQで[AIアバターチューバー]を分析した画面

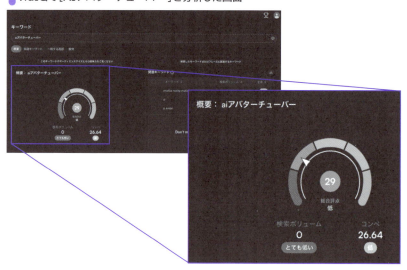

　高検索ボリューム・低競合率なキーワードを狙うのが理想です。また、総合評価が低くても、あなたが強い情熱を持っている場合は、関連する高評価キーワードと組み合わせる「掛け算戦略」を試しましょう。
　具体的には、**総合スコアが低いキーワードに、総合スコアが高いキーワードを組み合わせる**ことで、独自性を持ちながらも需要のあるチャンネルに仕上げることができます。

### 関連キーワードを見つける

　vidIQは、検索したキーワードに関連するトピックも表示します。これにより、需要のある具体的なチャンネルを考えやすくなります。

▍vidIQでの関連キーワードの表示画面

## ▶ YouTube上での簡易需要チェック

　vidIQのChrome拡張機能を入れていればYouTubeで検索するだけでも上記のようなキーワードを確認できます。YouTubeの検索窓にキーワードを入力すると、分析結果が右のSearch panelカラムに表示されます。

▍vidIQのYoutube上での表示

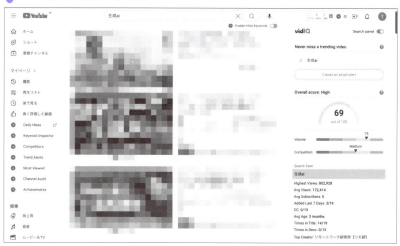

## ▶ ステップ３：競合チャンネル分析と差別化戦略

　YouTube で成功するためには、「自分が作りたいコンテンツ」と「視聴者が求めるコンテンツ」の交点を見つけ、それを継続的に発信することが不可欠です。しかし、多くのクリエイターが悩むのが「どのように差別化を図るか」という点。ここで効果的なのが、競合分析です。

　ここでは、YouTube チャンネルの成長サポートツールとして知られる「Social Blade」の活用方法を紹介します。Social Blade を使うことで、競合チャンネルの成長曲線や動画投稿ペース、人気のジャンルなどを客観的なデータに基づいて把握でき、自分のチャンネル戦略に役立てることができます。

## ▶ Social Blade とは？

　Social Blade は、YouTube や TikTok、Twitch、Instagram など、様々なプラットフォーム上のチャンネル分析に特化したサードパーティツールです。YouTube チャンネルに関しては、以下の情報が無料で確認できます。

　　・チャンネル登録者数推移グラフ
　　・動画再生回数推移グラフ
　　・チャンネルの推定収益レンジ
　　・日別・月別の登録者数および再生回数増減データ
　　・ランキング（国別・ジャンル別）

　これらのデータを活用することで、競合チャンネルの成長要因やトレンド、動画の投稿頻度などが見えてきます。

## ▶ なぜ Social Blade で競合分析を行うのか？

　Social Blade で競合分析を行う理由は、成長パターンの把握や投稿頻度や期間の分析、新しいジャンル開拓のヒントの３つがあります。

## 1. 成長パターンの把握

競合チャンネルがどのようなペースで登録者数や再生回数を伸ばしているかを知ることで、成長戦略のヒントが得られます。

たとえば、

**・急激に登録者が増えた時期**

⇒ 新しい企画や話題性の高い動画を投稿したのかもしれません。

**・再生回数が一定のペースで伸び続ける**

⇒ 継続的な価値あるコンテンツ提供が功を奏している可能性があります。

## 2. 投稿頻度や期間の分析

競合がどれくらいの頻度で動画を投稿しているのか把握することで、自分の投稿スケジュールを最適化する参考になります。また、過去のデータから、どのタイミングでコンテンツの方向性を変えたかも推測できます。

## 3. 新しいジャンル開拓のヒント

競合分析を通して、あなたがまだ考えていない切り口のチャンネルの可能性を探ることができます。特定ジャンルで成功しているチャンネルを分析し、自分の得意分野や強みに掛け合わせることで、新たなジャンルを生み出せるかもしれません。

# ▶ Social Blade を使った競合分析の手順

## 1. Social Blade にアクセスし、チャンネル名または URL を検索

Social Blade 公式サイトへアクセスします。ページ上部の検索バーに、分析したい競合チャンネル名またはチャンネル URL を入力し、検索結果から該当のチャンネルを選択します。

Social Blade
https://socialblade.com/

▍Social Bladeトップページ(https://socialblade.com/)

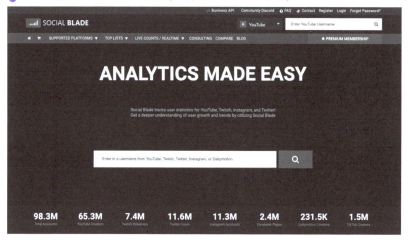

## 2. チャンネル概要情報の確認

表示される [User Summary] には、

・チャンネルの現在の登録者数
・総再生回数
・動画本数
・チャンネル設立日
・Social Blade 独自のスコア (Grade)

などがまとまっています。ここで、競合チャンネルがどれくらいの規模・歴史を持つのか、ざっくりと把握しましょう。

## 3. 日別・月別の詳細データを確認

[Detailed Satatistics] では、

・日ごとの登録者増減数
・日ごとの再生回数増減数
・月ごとの登録者増減・再生回数増減

などがグラフや表で表示されます。このデータから、以下の点を分析します。

・急激な変化があった時期
何が起きたのかを推測。話題のニュースに乗ったか、新フォーマットの動画を投入したかなど。
・安定期はいつか
堅実なコンテンツ運営で徐々に伸びている時期は参考になるかもしれません。

## 4. チャンネルの人気度合いやランキングを確認

[Future Projections] タブでは、現在の成長傾向をもとに、将来的な登録者数・再生回数の予測が表示されます。また、国別・ジャンル別のランキングから、競合チャンネルが市場全体でどの位置にいるかを確認できます。

これらの情報を元に、あなたが目指すべきポジションや参入余地があるかを考えましょう。

## 5. 傾向を踏まえた自チャンネル戦略への応用

収集したデータをもとに、以下のポイントを整理します。

**【競合が急成長したタイミング】**

　その時期に投稿された動画内容を調べ、類似コンテンツや関連話題を自チャンネルにも応用します。

**【投稿頻度・動画尺】**

　競合がうまくいっている長さや更新ペースを参考に、自分のペースを設計します。

**【視聴者ニーズ・トレンド】**

　競合が取り上げている話題をキーワードリサーチツール（vidIQ など）で再確認し、需要のあるコンテンツを発掘します。

**【動画企画のヒントにする】**

　競合がどんなテーマで成功しているかを参考に、新たな企画や切り口を生み出します。

**【ブランドポジショニング】**

　同ジャンル内で競合が取り上げていない隙間領域（ニッチ）を探し出す。自分の得意分野や個性を掛け合わせることで、差別化を図ります。

## ■ ステップ 5：データに基づいてテーマを決定

　リサーチ結果を総合し、以下の条件を満たすテーマを選びます。

　・ビジョン&コンセプトに合う
　・検索ボリュームが高い（需要がある）
　・競争率が低い（参入余地がある）

　最終的には、あなたが情熱を持って継続できるテーマを選ぶことが成功の鍵です。

## 2 ステップ４：MVP 生成（最小限のコンテンツ作成）

　YouTube チャンネルを本格的に始動する前に、「本当に需要があるのか？」を確かめたい——そのようなとき、有効な手法が MVP（Minimum Viable Product）です。MVP とは、「最小限の機能や内容を持つ試作品」を市場（視聴者）に投入し、早期にフィードバックを得る考え方です。この段階で改善点を見出すことで、リソースを無駄にせず、より求められるコンテンツへと近づけることができます。

　たとえば、私がプログラミングスクールを立ち上げる前に「無料体験授業１回＋チラシ」でニーズを確かめ、その反応が良かったため正式な教室を開きました——これが MVP 活用の典型例です。サイバーセキュリティ学習用のアプリ開発でも、最初は紙のカードゲームとしてアイデアをテストし、フィードバックを得てから本格的なアプリへ展開しました。

**紙で作成したサイバーセキュリティ学習ゲームを専門家と検証中**

YouTube でも、MVP を適用できます。ここで私が推奨するのは、**チャンネル設計の MVP としてエレベーターピッチを行い**、**動画制作の MVP としてサムネイルとタイトルで需要を確認する**という方法です。

## ● エレベーターピッチ：チャンネル設計の MVP

エレベーターピッチとは、30 秒〜 1 分ほどの短時間で、自分のアイデアや価値を端的に伝えるプレゼン法です。エレベーター内の短い移動時間で投資家に魅力を伝える、というシチュエーションから名付けられました。

この手法を YouTube チャンネル立ち上げ時にも応用します。

・狙っているターゲット層
・提供するコンテンツの特徴や独自性
・視聴者が得られるベネフィット（具体的な価値）

これらを簡潔にまとめて、知人や SNS 上のフォロワー、あるいは顧客候補となる相手に提示してみましょう。「このチャンネルがあれば登録しますか？」と率直なフィードバックを求めることで、あなたの構想が視聴者のニーズと合致しているかを確認できます。

### エレベーターピッチ テンプレート

以下にテンプレートを示します。このテンプレートは、「穴埋めガイド」を参照しながら完成させていきます。

「こんにちは、**あなたの名前**です。
私が新しく開設する YouTube チャンネル『**チャンネル名**』は、**ターゲット視聴者**向けに**提供するコンテンツの種類**をお届けします。
このチャンネルでは、**チャンネルの特徴・独自性**を活かして、**視聴者が抱える課題・ニーズ**を解決することを目指しています。例えば、**具体的な例やエピソード**によって、視聴者は**得られる具体的な価値・利**

益を享受できるようになります。

これにより、**チャンネルが視聴者にもたらす最終的なメリット**を実現し、最終的には**あなたのチャンネルが目指すビジョン・ゴール**を達成するお手伝いをします。

このチャンネルがあったらチャンネル登録しますか？ しないとしたら理由は何でしょうか？ ぜひ忌憚のないご意見をお願いします！（辛口ウェルカムです）」

## ▶ 穴埋めガイド

テンプレートの色文字部分をあなたなりに埋めていきましょう。

### あなたの名前

あなたのフルネームまたは活動名

### チャンネル名

あなたの YouTube チャンネルの名称

### ターゲット視聴者

学生、社会人、主婦、初心者など、具体的な対象層

### 提供するコンテンツの種類

料理レシピ、ライフハック、ガジェットレビューなど

### チャンネルの特徴・独自性

専門性、ユーモア、スピード感、インタラクティブ性など

### 視聴者が抱える課題・ニーズ

時間がない、美味しい時短レシピが知りたい、効率良く学びたいなど

### 具体的な例やエピソード

30分以内で作れる夕食メニュー、3ステップで覚えられる英語表現など

### 得られる具体的な価値・利益

時短調理スキル、モチベーションアップ、コスト削減など

### チャンネルが視聴者にもたらす最終的なメリット

生活の質向上、スキルアップ、健康維持など

### あなたのチャンネルが目指すビジョン・ゴール

コミュニティ形成、特定分野でのリーダーシップ確立など

### エレベーターピッチ例

以下に、テンプレートを基にした具体的なチャンネル説明の例を示します。

「こんにちは、佐藤太郎です。

私が新しく開設するYouTubeチャンネル『クッキングマスター』は、忙しいビジネスマン向けに時短で作れるヘルシーな料理レシピをお届けします。

私たちのチャンネルでは、シンプルな材料で短時間に仕上がるレシピを活用して、忙しい毎日でも健康的な食事を楽しみたいというニーズを解決します。たとえば、30分以内で完成するディナーアイデアや、オフィスで簡単に作れるランチボックスを紹介し、視聴者は手軽に美味しい食事を準備できるようになります。

これにより、時間と手間を節約しつつ、健康的なライフスタイルを維持するお手伝いをします。最終的には、『忙しい人でも毎日充実した食事ができる社会』を目指します。

このチャンネルがあったら、チャンネル登録してみたいと思いますか？

もしそうでないなら、その理由を教えていただけると助かります！（辛口大歓迎です）」

　作成したチャンネル説明を、友人、SNS フォロワー、または潜在的視聴者に見せてフィードバックを集め、何度もブラッシュアップしましょう。これにより、YouTube 開始前に方向性を修正でき、より確度の高いチャンネル設計が可能になります。

## ▶ 動画の MVP はサムネイルとタイトルが重要

　チャンネル説明を通じてチャンネルコンセプトを確立したら、動画制作にも MVP（Minimum Viable Product）的な考え方を活用しましょう。動画制作で最も重要な要素は「サムネイル」と「タイトル」です。視聴者は、動画の中身を再生する前に、この 2 つを見て「見る価値があるかどうか」を瞬時に判断します。

　どれほど内容が優れた動画であっても、サムネイルとタイトルが魅力的でなければ、再生すらされない可能性が高まります。そのため、まずはサムネイルとタイトルを最小限の投資（MVP）として検証し、改善していくことが重要です。

### 特徴をベネフィットに変換する

　スマートフォンを例にとると、「大容量バッテリー搭載」という特徴そのものを伝えるだけでは、視聴者はその価値を明確に感じづらいものです。そこで、「長時間使えて安心」といったユーザーにとってのベネフィットに言い換えてあげましょう。同じ発想を動画タイトルやサムネイルにも応用し、「視聴することで得られるベネフィット」を前面に打ち出すことで、興味を引きつけやすくなります。

## 先にサムネイルとタイトルを決めてテストする

　動画を制作する前に、まずはいくつかのサムネイル案とタイトル候補を用意し、友人やSNSコミュニティなどで共有して、どれが最も惹きつけるかを確かめてみましょう。そのフィードバックを活用し、「視聴者が求めている内容」に動画の中身を合わせていくのです。こうすることで、実際に再生回数や視聴維持率が向上しやすくなります。

　このアプローチは、「完成した動画に後からサムネイルやタイトルを付ける」という従来のやり方を逆転させたものです。視聴者が「見たい！」と思える入り口を先に用意することで、動画全体の成功確率は大幅に高まります。

### 第3章　まとめ

　この章では、ビジョンやコンセプトを基に、需要リサーチやMVP思考（最小限の試作コンテンツ）を活用して、視聴者ニーズに合ったチャンネル戦略を立てる方法を学びました。さらに、サムネイルやタイトル先行など効果的な制作プロセスも確認しました。次章では、収益化とプロモーション計画を通して、いよいよチャンネルを成長軌道へと導くステップへ進みましょう。

# 第4章

　YouTubeでコンテンツを発信するうえで、"どう収益を得るか" と "どう認知度を高めるか" は切り離せない重要テーマです。本章では、広告収入やスポンサーシップ、バックエンド商品の販売といったマネタイズ手法から、SNS活用やコラボ企画を中心としたプロモーション戦略まで、YouTubeチャンネルを収益化・拡散するための基本ステップを整理します。

　「誰に、何を届けるのか」を明確にした上で、あなたのチャンネルを大きく育てるための "稼ぐ仕組み" と "見つけてもらう仕組み" を、一緒に構築していきましょう。

# 第4章

# マネタイズ&プロモーション計画

　YouTube チャンネルを成功へ導くには、収益化（マネタイズ）とプロモーション（告知・拡散）の戦略が欠かせません。本章では、「どのように収益を得るか」「どのように認知度を高めるか」の二つの観点から、計画策定の方法を解説します。第3章からの続きで、ステップ5から始まります。

## 1 | ステップ5：マネタイズ計画

　マネタイズ計画とは、製品やサービス（ここでは YouTube チャンネルおよびコンテンツ）を通じて、どのように収益を得るかを明確にするプロセスです。価格設定や関連コスト、収益の見通しを立て、収益性を高めるための戦略を練ります。
　YouTube のマネタイズ方法には、主に以下の3つがあります。

### ▶ 広告収入

　YouTube パートナープログラム（YPP）に参加し、動画内で表示される広告から収益を得る方法です。

> 【主な特徴】
> ・視聴回数や視聴者層によって収益が変動
> ・8分以上の動画ならミッドロール広告を挿入し、収益増が狙える
> ・収益化には条件あり（チャンネル登録者1,000人以上、過去12カ月4000時間以上の再生時間、または90日で1,000万回以上のショート動画再生など）

## ◉企業案件（スポンサーシップ）

　企業が YouTuber に依頼し、動画内で商品やサービスを紹介してもらう仕組みです。

【主な特徴】
- フォロワー数や影響力が高いほど高額案件獲得のチャンス
- 自分のチャンネルテーマと企業の商品・サービスがマッチすれば、視聴者の信頼を損ねずに収益化可能
- 単発でまとまった収入が得やすい

## ◉バックエンド商品の販売

　自分が持つ商品やサービスを、動画を通じて販促・販売する方法です。バックエンド商品とは、YouTube チャンネルで、普段は無料で動画を見せているけれど、そのチャンネルが気に入ってファンになった人に向けて販売する「特別な商品やサービス」のことです。

　たとえば、特別なノウハウが詰まったオンライン講座や、チャンネル限定のグッズ、メンバーシップ（有料会員制サービス）などがこれにあたります。

　簡単に言うと、「ファン向けの有料オプション」みたいなものです。

【主な特徴】
- 自社オンライン講座、電子書籍、オリジナルグッズ、サブスクリプション会員など
- 他プラットフォームや自社サイトとの連携で、広告や企業案件に依存しない独自の収益モデルを築ける
- ファンベースが確立すれば高収益化可能。ファンベースは、そのチャンネルを好きで応援してくれる人たちの集まりのことです。いわば、そのチャンネルを支える「ファンの輪」や「応援団」のようなもの

ファンベースができると、そのチャンネルは見てくれる人が安定して増えたり、意見交換がしやすくなったりして、長い間続けやすくなります。

簡単に言えば、「そのチャンネルを大好きなファンたちが集まってできるコミュニティ」です。

**マネタイズ手法比較**

| 手法 | 収益特性 | 必要条件 | メリット | デメリット |
|---|---|---|---|---|
| 広告収入 | 再生数・視聴者依存 | YPP条件達成 | 手軽な収益化方法 | 収益単価が低い場合あり |
| 企業案件 | 影響力・ブランド力 | 一定の視聴者数・影響力 | 高収益・ブランド強化 | 条件に合う企業探しが必要 |
| バックエンド販売 | 自社商品・ファン関係 | 自前の商品・サービス | 収益源の自立化・高収益可能 | 商品開発・顧客管理が必要 |

# 2 │ステップ6：プロモーション計画

プロモーション計画では、チャンネルやコンテンツの存在をより多くの人に知ってもらうための戦略を立てます。代表的な手段は以下の通りです。

## ▶ SNS 活用

X（旧 Twitter）や Instagram、LinkedIn、TikTok などで新着動画を告知し、異なるプラットフォームのファンにもリーチします。

## ▶ コラボ動画

他の YouTuber やインフルエンサーとコラボすることで、新たな視聴者層へアプローチします。

## ▶ 広告出稿

Google Ads で動画広告を出稿する際は、ターゲットを「ネットワーク

（YouTube 内の表示箇所）」「地域（配信エリア）」「言語（対象言語）」の
3つから設定し、特定の視聴者層へ的確なプロモーションを行うことが可
能です。

　しかし、どんなプロモーションよりも最終的なカギを握るのは「コンテ
ンツの質」です。YouTube は優れた推薦アルゴリズムを持ち、視聴者が
好みそうな動画を自動的に推薦します。つまり、視聴者のニーズに合った
価値ある動画を作り続ければ、YouTube 自体が最大のプロモーション手
段となり、自然な流入が期待できます。

## 3 ステップ7：コンテンツ制作（チャンネル開設＆設定方法）

　いよいよ実際にチャンネルを開設し、動画を制作する段階です。ここで
は YouTube チャンネルの開設手順と、初期設定のポイントを解説します。

## 4 YouTube アカウントの種類を理解しよう

　YouTube を利用するには、まず Google アカウントが必要です。そして、
YouTube アカウントには以下の 2 種類があります。YouTube チャンネ
ルを運用するなら、ブランドアカウントを利用しましょう。

### ◼ 【個人用アカウント】

・特徴
　主にプライベート利用を目的としたアカウント。

## ・メリット

シンプルで、個人が動画視聴やお気に入り動画リストを作るのに便利。

## ・制限

Google アカウント 1 つにつき 1 つのみ作成可能。

アカウント名＝ Google アカウント名（個人名やメール名）がそのままチャンネル名になります。

## ・おすすめ用途

個人の趣味や非公開の利用。

# ▶ 【ブランドアカウント】

## ・特徴

ビジネスや収益化を目指す人向けのアカウント。

## ・メリット

Google アカウント 1 つで複数のブランドアカウントを作成可能。

チャンネル名を自由に設定・変更可能。

複数の管理者（共同作業者）を追加可能。

## ・おすすめ用途

収益化やビジネス目的での利用、YouTuber として活動する場合。

### ▌個人用アカウントとビジネスアカウントの違い

|  | 個人用アカウント | ブランドアカウント |
|---|---|---|
| 主な用途 | プライベート視聴、趣味 | ビジネス、収益化、複数人運営 |
| 設定自由度 | 低（名前固定） | 高（チャネル名自由設定） |
| 管理者数 | 1人（Googleアカウント所有者） | 複数人で管理可能 |

# 5 | 自分のアカウントが ブランドアカウントか確認する方法

既に YouTube チャンネルを作っている人もいるでしょう。自分のアカウントがブランドアカウントか確認してみましょう。

YouTube にログインして、次の手順に従って確認できます。

右上のプロフィール画像をクリックして、［設定］をクリックします。次に［詳細設定］をクリックします。ここで、「チャンネルをブランドアカウントに移行する」の文言があれば、あなたのアカウントは個人用アカウントになります。

▌詳細設定画面

| | |
|---|---|
| チャンネルを移行 | チャンネルをブランド アカウントに移行する<br>チャンネルをブランド アカウントに移行できます |
| チャンネルを削除 | チャンネルを削除する<br>YouTube チャンネルを削除しても、Google アカウントは閉鎖されません |

「チャンネルを自分の Google アカウントまたは別のブランドアカウントに移行する」と表示されていれば、それはブランドアカウントです。

▌詳細設定画面

| | |
|---|---|
| チャンネルを移行 | チャンネルを自分の Google アカウントまたは別のブランド アカウントに移行する<br>チャンネルを自分の Google アカウントまたは別のブランド アカウントに移行できます |
| チャンネルを削除 | チャンネルを削除する<br>YouTube チャンネルを削除しても、Google アカウントは閉鎖されません |

## 6 | 個人用アカウントから ブランドアカウントに移行する方法

個人用アカウントだったとしても、ブランドアカウントに投稿した動画に簡単に移行できます。

実際、わたし自身、最初は気が付かずに個人用アカウントで動画を投稿しており、途中でブランドアカウントに移行しました。

「チャンネルをブランドアカウントに移行する」をクリックし、画面指示に従うことで、動画をブランドアカウントに移行できます。

## 7 | YouTube チャンネル開設の手順

以下の手順で、初心者でも簡単に YouTube チャンネルを開設できます。

### ◗ ステップ１：Google アカウントを作成する

Google アカウント作成ページにアクセスします。必要事項（名前、メールアドレス、パスワードなど）を入力してアカウントを作成し、作成が完了したら、アカウントにログインします。

すでに Google アカウントを持っている場合は、このステップをスキップしてください。

### ◗ ステップ２：YouTube にログインする

YouTube にアクセスします。右上の「ログイン」ボタンをクリックし、Google アカウントでログインします。

### ◗ ステップ３：チャンネルを作成する

ログイン後、チャンネルの作成に進みます。

### ブランドアカウントでチャンネルを作成する

同じく右上のプロフィールアイコンをクリックし、「設定」を選択します。サイドバーの「チャンネルを作成または管理」をクリックしたら、「新しいチャンネルを作成」を選択します。希望するブランド名を入力し、「作成」をクリックします。

チャンネル名は変更できます。

## ■ ステップ4：チャンネルの基本設定をする

チャンネル作成後は、次の設定を行いましょう。

### 1. プロフィール画像とバナー画像を設定

プロフィール画像は、チャンネル全体の「顔」として視聴者の目に触れる最初の要素です。そのため、シンプルかつわかりやすいデザインを選ぶことで、チャンネルのコンセプトや魅力を端的に伝えられます。

バナー画像は、チャンネルページを訪れた視聴者が最初に目にする大きなビジュアルです。そのため、チャンネルの世界観やブランドイメージが一目で伝わるようなデザインを用意することで、訪問者を惹きつけ、チャンネルへの期待感を高めることができます。

### 2. チャンネルの説明を記入

視聴者に自分のチャンネルが何を提供しているか伝えましょう。簡潔でわかりやすい説明が好まれます。

## ■ ステップ5：チャンネルのおすすめ設定をする

チャンネルを効果的に成長させるためには、適切な設定を行うことが重要です。以下に、具体的な設定方法をわかりやすく解説します。

### 1. チャンネルキーワードを設定する

YouTube Studio にアクセスします。左メニューから「設定」→「チャ

ンネル」を選択し、「キーワード」欄に、チャンネルに関連する3〜5個のキーワードを入力します。

> **ポイント**
> 視聴者がチャンネルを見つけやすくなるよう、自分のコンテンツ内容を的確に表すキーワードを選びましょう。

■チャンネル基本情報

## 2. アップロード動画のデフォルト設定を活用する

「設定」→「アップロード動画のデフォルト設定」を選択します。「説明」欄に、各動画に共通して載せたい情報を入力（例：挨拶、SNSリンク、連絡先メールアドレス、自己紹介動画へのリンクなど）します。公開設定は、一般公開前にチェックしたい場合は限定公開に設定し、保存をクリックします。

■アップロード情報のデフォルト設定画面

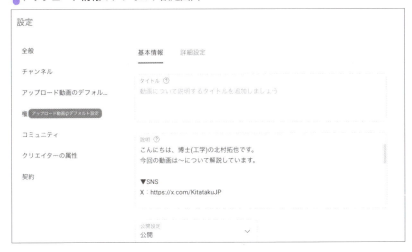

デフォルトの設定を活用することで、毎回動画をアップロードするたびに同じ情報を入力する手間が省け、効率的に作業を進められます。

チャンネルが開設できたら、いよいよ動画の投稿です。通常はカメラでの撮影や編集が必要ですが、「AIアバターチューバー」なら専用ツールを使うと効率的に動画制作が行えます。

本書ではAIアバター制作ツールHeyGenを使った動画制作の方法をお伝えします。第5章でHeyGenのAIアバターの作り方を説明していきます。

### 第4章まとめ

この章では、マネタイズ計画（収益化手法）やプロモーション戦略の基本、そして適切なアカウント設定や基本設定を通じて、チャンネル運営を効率的かつ効果的に進める方法を学びました。特に、品質の高いコンテンツが自然な集客につながる点が重要です。次章では、具体的なAIアバター生成ツール「HeyGen」の使い方を詳しく解説し、実践レベルで動画制作を支えるスキルを身につけましょう。

# 第5章

「もし、あなたの分身が
AIで簡単に作れたら——？」

　本章では、そんな未来的な発想を現実にする動画制作ツール「HeyGen」を徹底解説します。すでに用意されたAIアバターを使うだけでも便利ですが、「自分そっくり」の顔や声を持つアバターを生み出せば、表現の幅はさらに広がります。

　静止スタイルから動きのあるスタイルまで、そして写真1枚からでもあなただけのアバターを作れるHeyGen。音声や外見のカスタマイズ手順を具体的に見ていきながら、手軽に"未来の自分"を映し出す方法を一緒に学んでいきましょう。

第5章

# HeyGenのAIアバターの作り方

　この章では、動画制作ツール「HeyGen」を使って、あなただけのAIアバターを作成する手順を解説します。なお、HeyGenにはあらかじめ用意されたAIアバター（テンプレートアバター）が数多く揃っているため、「自分専用のアバターを持ちたい！」という場合にのみ、本手順を参考にしてください。画面表示は執筆時点のもので、変更される場合があります。

## 1 ｜ステップ1：HeyGenに登録

　HeyGen公式サイトへアクセスし、アカウントを作成します。Googleアカウント連携やメールアドレス登録などの手順に沿って、簡単にサインアップができます。アンケートに回答します。そうすると、ダッシュボードが表示されます。

> **HeyGen**
> https://www.heygen.com/

■HeyGen登録画面

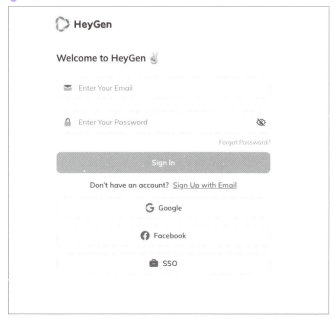

　「Choose the perfect plan for you」と表示される画面でプランを選択します。
　登録後の質問はアンケートのため、何を答えても問題ありません。

■質問：誰のために創作しますか？　該当するものをすべて選択してください

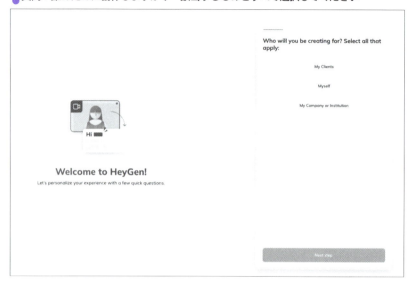

■あなたの職業を最もよく表すものは何ですか？

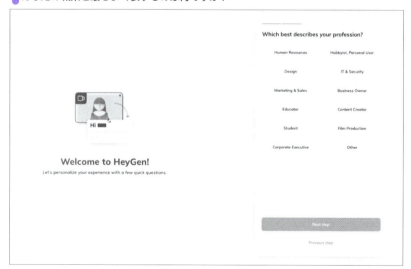

## あなたの会社または機関に最もよく当てはまる業界はどれですか？

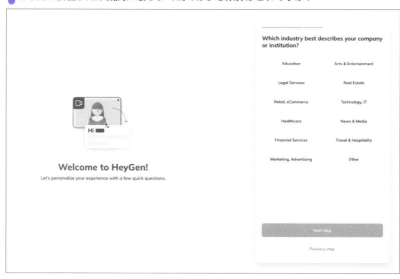

## あなたの会社または機関の規模はどのくらいですか？

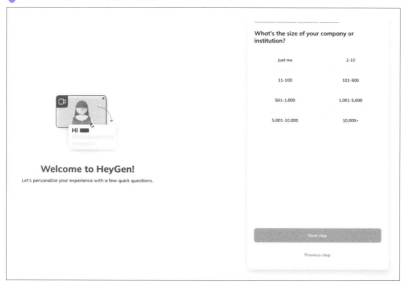

■何を作成したいですか？　該当するものをすべて選択してください：

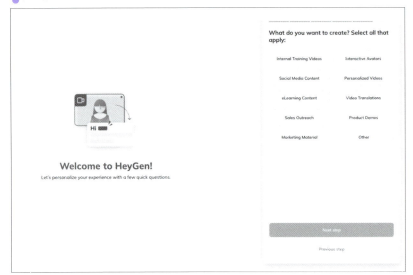

■最後の質問です！　HeyGenをどうやって知りましたか？

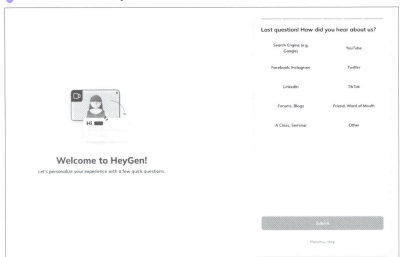

　ログイン後、ダッシュボードが表示され、ここからアバター生成や動画制作が行えます。

▌ログイン後のダッシュボード画面

## 2 ｜ステップ 2：AI アバターを生成する

HeyGen で作成できるアバターには、主に以下の 3 種類があります。

### ● 1. Instant Avatar

動画をアップロードして、そこから「本人そっくり」の AI 音声と AI アバターを生成します。

音声クローンも可能（あなたの声を学習し、AI 音声として利用）です。

### ● 2. Photo Avatar

1 枚または数枚の写真から AI アバターを生成します。顔写真ベースでアバターを作りたい場合に有効です。音声はクローンされませんが、用意された日本語の音声を選べるため、必ずしも自分の声は必要ありません。

### ● 3. Studio Avatar（エンタープライズユーザー向け）

高画質で、より高度な AI アバターを生成します。一般ユーザーは基本的に利用できません。

私は Instant Avatar と Photo Avatar を生成しました。音声にこだわりがなく、用意された日本語音声で構わないなら「Photo Avatar」だけでも十分です。Instant Avatar を作成した後は、クローンされた音声を個別に使用できます。

■用意されている日本語の音声

## 3 ｜ステップ3：Instant Avatar を生成する

　Instant Avatar を作成する場合、撮影した動画をアップロードして、そこから AI があなたの顔と声を学習します。
　さらに、Instant Avatar には2つのスタイルがあります。

### ▶ Still（静止）：
背景が固定された状態であまり動きのないアバター。
　おすすめの用途としては、「お知らせ」、「トレーニング用動画」、「顧客コミュニケーション」、「社内向けアウトリーチ」などがあります。

### ▶ Motion（動きあり）：
多彩な背景や動きがあるアバター。
　おすすめ用途としては、広告や外部向けマーケティングなど、インパクト重視の動画に使用するのが最適です。

> 教育用や情報発信中心なら「Still」で十分でしょう。

　ダッシュボードの左カラムのメニューの Assets にある［Avatars］をクリックし、表示された画面で、「Create your first avatar!」という文字の下にある［Create Avatar］をクリックして最初のアバターを作成します。

▍アバタースタイル選択画面

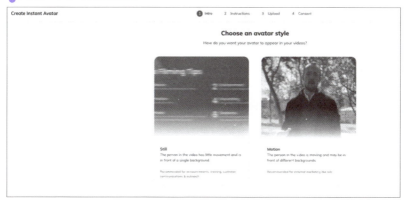

## 4 ｜ステップ4：撮影する

　あなたの顔と声を学習させるため、2〜5分程度の動画を撮影し、HeyGen にアップロードします。

　「Still」を選択して、「I Prefer Text Instructions」を選択すると、次の画面が表示されます。

## 撮影時の注意

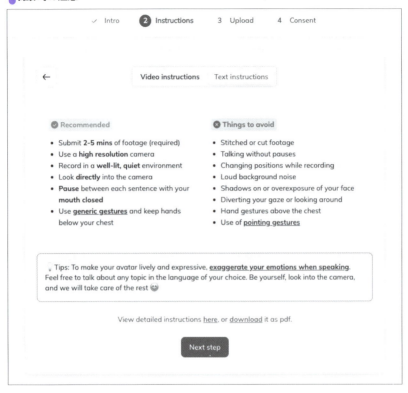

　画面に記載されている撮影ガイドラインをまとめると次のようになります。参考にしてください。

【撮影時の推奨事項】
・2～5分の映像を提出してください（必須）
・高解像度カメラを使用してください
・明るく静かな環境で録画してください
・カメラを直接見てください
・各文の間に口を閉じて一旦止まってください
・手は胸の下に置いてください

【撮影時の避けるべきこと】
・つなぎ合わせたりカットした映像
・休みなく話すこと
・録画中に位置を変えること
・大きな背景音
・顔に影がかかったり過度に露出した状態
・視線を逸らしたり周りを見回すこと
・胸の上での手の動き

# 5 ｜ステップ5：アップロードと同意画面

　撮影した動画は、パソコンやスマートフォンで録画したものをアップロードできます。また、Webカメラを使ってその場で録画することも可能です。

　クオリティ重視なら高画質動画をアップロードするのがおすすめですが、お試し目的ならWebカメラ録画でも問題ありません。

　アップロード後、HeyGen側で処理が行われます。また、最終的に［Consent（同意）］項目が表示されます。これは、他人のアバターを不正に生成することを防止するためのもので、自分自身であることを示したり、読み上げ指示に従って喋ったりする作業が必要な場合があります。

　同意が完了し、処理が完了すれば、あなたのInstant Avatarが使用可能になります。

■動画(Footage)アップロード画面

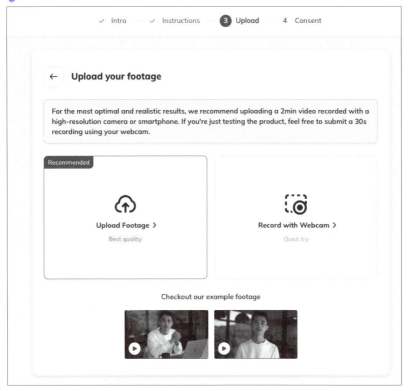

　上の画面で、「Upload Footage」をクリックすると、次の画面が表示されます。

## ■アップロード画面(GoogleDrive リンクでも可能)

　動画をアップロードするか、Web カメラでその場で撮影してください。
　その後、Consent 画面に表示される原稿を読み上げて同意を完了してください。同意する際は、「Turn on Cam & Mic」をクリックし、指示に従って表示された文章を読み上げてください。

■同意画面

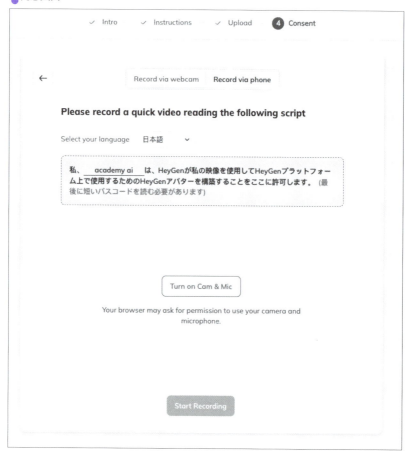

## 6 ステップ6：Photo Avatar で簡単に写真からアバターを生成

　Photo Avatar は、HeyGen を使って写真から簡単にアバターを生成できる機能です。
　写真をアップロードするだけで手軽に AI アバターを作成でき、動画制作にも活用可能です。

私も日常の動画制作で、この Photo Avatar を活用しています。

メニューの Avatars をクリックし、上部のタブから Photo Avatar を選択します。

■ダッシュボードのAvatar一覧画面

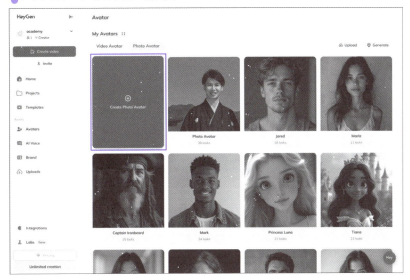

［Create Photo Avatar］をクリックしてください。

■写真をもとにするか、プロンプトで生成するかの選択画面

［Create Your Avatar］画面で、写真をアップロードするか、プロンプトを使用して生成する（Generate）かを選べます。今回は、写真をアップロードする方法を紹介します。

［Upload］をクリックしてください。自分の写真ではなく、オリジナルキャラクターのアバターを作りたい場合は、［Generate］を選択してください。

1. 写真をアップロードしてください。
   良い写真の条件は以下の通りです：
   ・あなた自身の最新の写真（1人で写っているもの）
   ・クローズアップや全身写真を混ぜた、さまざまな角度や表情（微笑み、無表情、真剣な表情）を含むもの
   ・異なる衣装を着た写真
   ・高解像度で現在の外見を反映しているもの
2. 写真は複数枚アップロード可能です。推奨は 10 〜 20 枚です。

　写真の推奨枚数は 10 枚以上ですが、それ以下でもアバターを生成することが可能です。今回は、インタビュー取材時に撮影してもらった 4 枚の写真を例に使用します。

■写真のアップロード画面

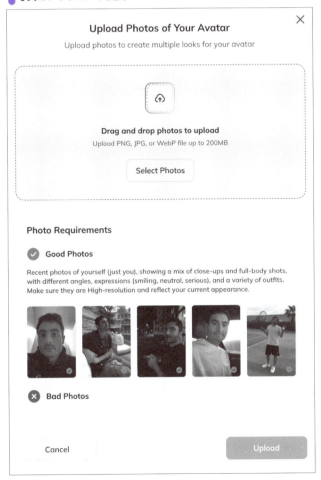

　写真をアップロードすると、レビュー画面が表示され、システムが写真の適性を自動判定します。問題がなければ、緑色のチェックマークが表示されます。

　その後、[Continue] をクリックしてください。

▌アップロードした写真のレビュー画面

次に、アバター情報を入力する画面が表示されます。
Name 以外の項目は必須ではありません。


1. Name：識別しやすい名前を入力してください。
2. Age：アバターのイメージに合った年代を選択します。
3. Gender と Ethnicity：該当する情報を入力してください。
4. 利用規約（Terms of Service）とプライバシーポリシー（Privacy Policy）を確認し、同意するチェックを入れます。


最後に、[Continue] をクリックしてください。

■ アバター情報入力画面

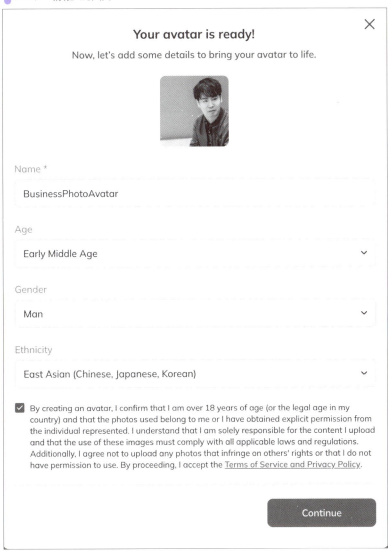

Photo Avatar のページに移動します。

「Validating Photo（写真を検証中）」と表示されるので、写真の処理が完了するまで数分お待ちください。

## アバター画面（Validating Photo）

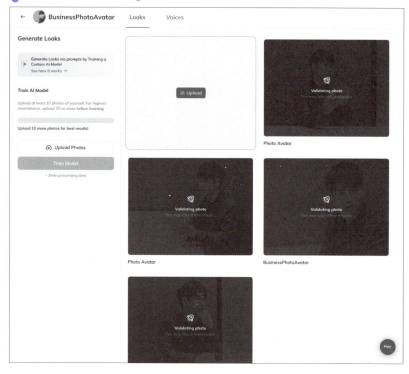

## 検証が完了したアバター画面

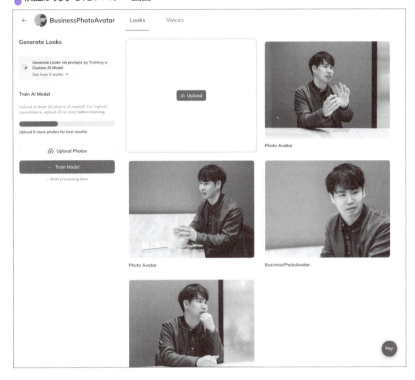

　検証が完了すると、Photo Avatar が利用可能になります。
　すぐにこのアバターで動画を作成したい場合は、お好きなアバターを選択し、[Create with AI Studio] をクリックしてください。

▌Photo Avatar選択画面

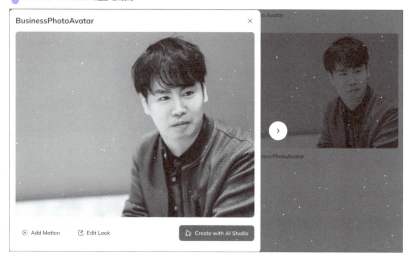

　動画編集画面が表示され、作成したPhoto Avatarを使用して動画を作成できます。

▌Photo Avatarを選び背景を除去した状態

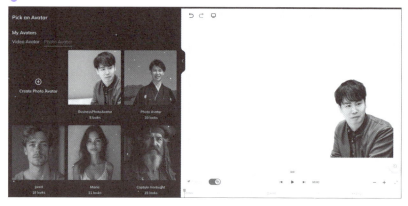

# 7 | ステップ7：プロンプトでアバター生成

　生成したアバターは、ダッシュボードの左カラムのメニュー［Avatars］をクリックすると表示されます。さらにアバターの見た目をプロンプト（命令文）で変更することができます。この機能によって、動画のシチュエーションに合わせたアバターの変更ができます。

■アバター一覧

　自分のPhoto Avatarをクリックすると、以下の［Generate Looks(見た目を生成する)］の画面が開きます。

### Generate Looks（見た目を生成する）

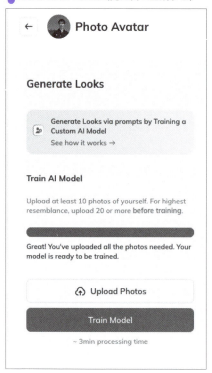

　［Train Model(トレーニングモード)］をクリックすることで、次のプロンプト入力画面が使用できます。

## プロンプトで見た目を生成

　例として［Avatar wearing a puffer jacket,sitting by a fireplace( 暖炉のそばに座っているパファージャケットを着たアバター )］をプロンプトに入力しアバターを生成します。
　すると次の画面のようなプロンプト通りのアバターが生成されました( 上段左は魔改造されていますが )。この機能によって、動画のシチュエーションに合わせたアバターの変更ができます。例えばハロウィンの時期であればハロフィンのコスプレをさせるといった時期に合わせた動画を、服

を購入して着替えるよりも簡単に実現できるのです。

▍筆者の画像から生成したアバター

Avatar wearing a puffer jacket,s　　Avatar wearing a puffer jacket,s

Avatar wearing a puffer jacket,s　　Avatar wearing a puffer jacket,s

### 第 5 章まとめ

　この章では、HeyGen で独自の AI アバターを作成する手順を学びました。テンプレートアバターの活用から、Instant Avatar による声・顔のクローン化、写真ベースの Photo Avatar、そしてプロンプトで外見を変える方法まで、一通りの流れを把握できたはずです。次章では、このアバターを用いて実際に動画を作る手順をさらに掘り下げ、より実践的なスキルを身につけていきましょう。

# 第6章

「せっかく作ったAIアバター、
実際に動かしてみたい！」

　そんな期待を形にするのが本章のテーマです。HeyGenには、多彩なテンプレートやスクリプト編集機能が備わっており、スライドに合わせてアバターを自在に動かせるのが大きな魅力。さらに、多言語対応の翻訳機能を使えば、世界中の視聴者に向けてコンテンツを発信するのもスムーズです。

　ここでは、テンプレートの選択から音声の細やかな調整、そして「Submit」ボタンを押して完成動画が生まれるまでの流れを一挙にご紹介。AIアバターの可能性を存分に引き出すための基本プロセスを、ぜひ一緒に確認していきましょう。

## 第6章

# HeyGenのAIアバター動画を作る流れ

　この章では、HeyGenを使って実際にAIアバター動画を作成する一連の流れを解説します。前章で作成（または選択）したアバターを活用し、テンプレートを用いてスライドを設定し、音声を調整してから動画を生成するステップを紹介します。HeyGenの基本操作やチュートリアルの工程は後の章で詳しく解説します。本章では全体の流れを紹介します。

## 1 ステップ1：テンプレートからスライドを作成する

　HeyGenにはあらかじめ用意された豊富なテンプレートがあり、用途やデザインイメージに合わせて選ぶことが可能です。ダッシュボードの左カラムのメニューの［Templates］を選択すると、そのテンプレートに応じた「スライド」と「アバター（Avatar）」が表示されます。各テンプレートにはサムネイルがあり、それをクリックするとプレビューが表示されます。

▎テンプレート一覧

## 2 ステップ2：スライド編集

選んだテンプレートをもとに表示されるスライドは、PowerPoint のような要領で文字や画像を自由に編集できます。

「テキストの追加・編集」「画像や背景要素の差し替え」「配色やフォントの変更」などが行えますが、いくつか注意も必要です。

> **!注意点**
>
> プレビュー画面では AI アバターは静止画状態で表示され、動きません。これはプレビュー画面があくまでスライド構成やテキスト確認用であり、録画や転用を防ぐための仕様と思われます。実際のアバターの動きは、最終的な動画生成（[Submit] 後）に反映されます。

テンプレートで表示されているスライドを選択し、[Create with AI Studio] ボタンをクリックしてスライド編集画面を表示します。

ダッシュボードの左カラムのメニューの [Avatars] でアバターを選択し、編集画面にドロップして配置することができます。

▍スライド編集画面

■テキストボックスをクリックして編集している様子

## 3 ｜ステップ3：音声とスクリプトの編集

　スライドのテキストとは別に、アバターが読み上げる音声スクリプトを編集する必要があります。

　[Script]ボタンをクリックすると、スクリプト編集画面が表示されます。

　ここで、アバターが読み上げる台本（テキスト）を入力または修正します。

　ここでは動画の流れを把握していただくため、簡単な説明にとどめています。詳細な機能や操作方法については、第7章で詳しく解説しています。

■スクリプト編集画面

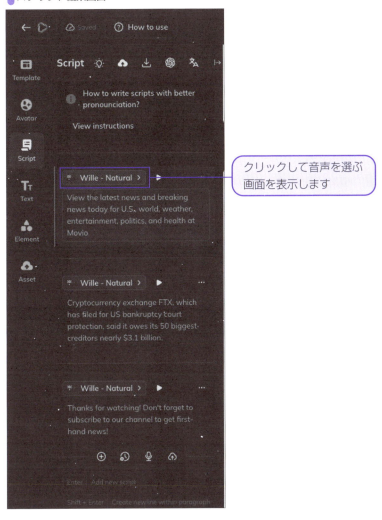

HeyGenでは、音声は以下の2つから選べます。

・自分で作成したクローン音声（Instant Avatarで生成した場合）
・ライブラリに用意された音声：日本語は4種類、その他多言語にも対応

## ▌音声選択画面

日本語は以下の4種類あります。

## ▌日本語音声一覧

# ▶ 発音修正（Pronunciation）の活用

　日本語テキストを読み上げる際、固有名詞や特殊な用語の発音が不自然に感じる場合があります。その場合は「Pronunciation」機能を使って修正可能です。

　手順は次の通りです。

### 1. 発音を直したいテキスト部分を選択

2. 表示されたメニューから「Pronunciation」をクリック
3. 正しい発音に対応するローマ字などを入力

これでその部分のみ発音が修正され、他の箇所には影響しないため、安心して微調整できます。

▍発音修正(Pronunciation)の活用

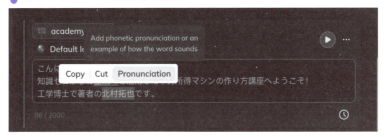

▍発音修正(Pronunciation)でローマ字を指定

# 4 | ステップ4：動画生成（Submit）

スライドとスクリプト、音声が整ったら、[Submit] ボタンを押して動画を生成します。

[Submit] をクリックすると、HeyGen 側で最終処理が行われ、完成した動画が生成されます。

処理には多少時間がかかる場合があります（数分程度）。

生成後、完成した動画で初めてAIアバターが実際に動く様子や音声再生を確認できます。もし修正が必要な場合は、再度スクリプトやスライドを調整し、再度［Submit］してレンダリングしてください。

▌Submit後の画面

# 5 ｜ステップ5：多言語対応

　最後に、HeyGenの多言語対応機能について紹介します。
　この機能を使えば、元の動画を他の言語へ簡単に翻訳し、多言語版の動画を生成できます。
　まず、HeyGenのダッシュボード画面で［Create Video］ボタンをクリックします。
　次に、表示されたメニューから［Video Translation］を選びます。このモードを使うことで、元動画の言語を指定し、ターゲット言語への翻訳設定が可能になります。

▌翻訳選択画面

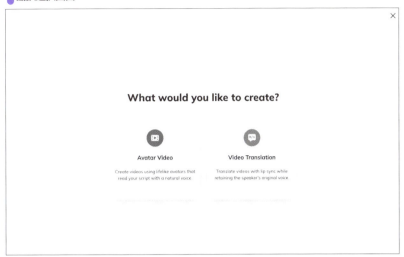

動画をアップロードします。[Create new translation] を選択します。

▌動画アップロード画面

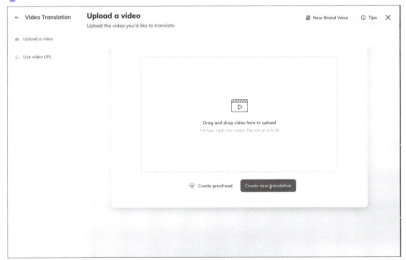

翻訳設定では、以下の手順で元のビデオを複数の言語に対応させることができます。

　まず画面の［Original Language］で元動画の言語を指定します。たとえば、日本語の動画なら「Japanese」を選びます。

　次に［Target Language］で翻訳先の言語を指定します。たとえば、英語へ翻訳したい場合は「English」を選びます。

　さらに、［＋］ボタンをクリックすれば、複数の言語に同時翻訳することも可能です。

　動画内の話者が複数いる場合、その人数を［Number of speakers］で選択します。

**▌翻訳設定画面**

　以上の設定が終わったら、［Submit］ボタンをクリックすれば、多言語対応された動画が自動で生成されます。翻訳の精度は高いです。

　ここで、いくつか注意点をまとめておきます。

## ⚠ 注意点

1．自動生成された動画を編集するには、現時点で Team プラン以上の契約が必要です。
2．日本語と英語など、言語によってセリフの長さが異なるため、音声再生時間のずれによって画面と音声が合わなくなる場合があります。生成された動画は必ず確認し、必要に応じて HeyGen や動画編集ソフトなどで修正してください。

### 第 6 章まとめ

　この章では、HeyGen を使った AI アバター動画作成の一連の流れを学びました。テンプレート選択からスライド編集、音声スクリプトの微調整、動画生成、さらには多言語対応までの手順を理解できたはずです。次章では、各トラックの役割や自動リンク機能など、制作をさらに効率化する基本操作を詳しく見ていきましょう。

# 第7章

　AIアバターを取り入れた動画制作をスムーズに進めるには、まずツールの"仕組み"を理解することが欠かせません。本章では、HeyGenの動画編集を支える「トラック」の役割から、スクリプトやオーディオの追加方法、そして自動リンク機能を使ったシーン調整までを一挙に解説します。
　また、動画出力時に表示される警告メッセージの意味を把握しておけば、制作工程でのミスを未然に防止しやすくなるはずです。

# 第7章

# HeyGenの基本的な操作方法

　HeyGenでは、動画編集の基本として「トラック」という概念が用いられています。この章では、HeyGenの公式チュートリアル[*1]の構成に沿って、各トラックの役割と、スクリプト（台本）やオーディオの扱い方、自動調整機能（「自動リンク」）を活用する流れ、そして動画出力時に出る警告メッセージの意味について解説します。

## 1 | トラックとは？

　「トラック」とは、動画や音楽編集で使われる「作業用レーン」のようなもので、動画制作時にそれぞれ異なる役割を分担しています。HeyGenではシーントラック、要素トラック、アバタートラック、テキストからスクリプトへの変換（TTS）トラックの4種類のトラックがあります。それらを組み合わせることで、シーン構成・アバター配置・テキスト音声変換・要素（装飾）の配置を管理します。

　本章で紹介しきれなかった細かな機能や操作方法については、巻末の資料にまとめていますので、ぜひご確認ください。

**▎HeyGenの4種類のトラック構成図**

|  |  |
| --- | --- |
| 要素トラック | 画像・文字等 |
| アバタートラック | アバター配置 |
| シーントラック | シーンの長さ・時間 |
| TTSトラック | セリフ・音声管理 |

---

*1　AI Studio Getting Started Tutorial
　　https://help.heygen.com/en/articles/9143288-ai-studio-getting-started-tutorial

108

■画面上の4種類のトラック

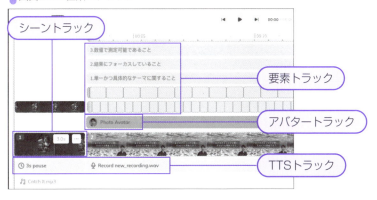

## 2 | 要素トラック

　要素トラックは、シーン内に挿入する文字・画像・背景などの要素を配置するトラックです。一つのシーンごとに要素を管理します。編集時には［Timeline］ボタンで詳細表示、［Collapse］ボタンでコンパクトに収納できます。

■要素トラック（[Timeline]ボタンを押したところ）

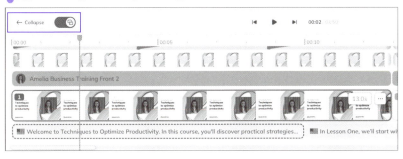

# 3 ｜アバタートラック

　アバタートラックは、アバター（キャラクター）を管理するトラックです。シーン内に1人のアバターを配置できます。アバターを別のシーンにまたいで登場させることはできません。すなわち、同一のシーンで登場するアバターは一体のみで、二体を一つのシーンに配置することはできません。一つ前のシーンに登場したアバターを他のシーンに配置することは制限なく可能です。シーントラックのすぐ上に位置します。

▍アバタートラック

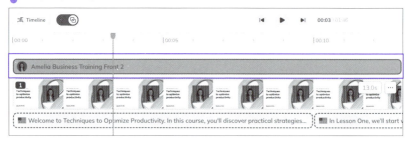

# 4 ｜シーントラック

　シーントラックは動画全体の時間軸を決定する重要なトラックで、シーンの長さによって動画の長さが決まります。シーンの長短をドラッグ操作で調整可能です。

■ シーントラック（中央のレーン）

## 5 | テキストからスクリプトへの変換 (TTS) トラック

　TTSトラックはシーンの下に位置し、アバターが話すスクリプトや音声ファイルを配置するトラックです。ここでテキスト入力やオーディオファイルのアップロードを行い、アバターのセリフを決定します。

■ TTSトラック

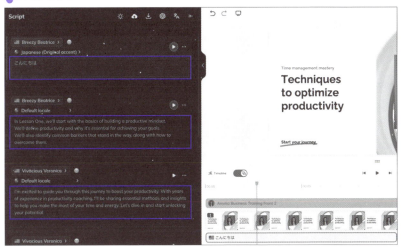

# 6 ｜オーディオ（音声）の追加方法

TTSトラックにオーディオを追加する方法は2つあります。

## ▶1. タイムラインから追加

TTSトラックの［+］ボタンをクリックすると、オーディオ追加メニューが表示され、ファイルアップロードや録音が可能です。

▍タイムラインからオーディオを追加

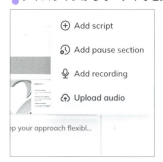

## ▶2. スクリプトパネルから追加

画面左の［Script］メニューを開き、スクリプトの下部にあるボタンからオーディオを追加できます。ボタンの左から説明すると次のようになります。

▍スクリプトの下部にあるボタン

・［Add Script］：空のスクリプト追加
・［Add pause section］：無音の一時停止を挿入

・[Add Recording]：その場で録音
・[Upload audio]：外部オーディオファイルをアップロード

▋スクリプト パネルを使用してオーディオを追加

💡ポイント

日本語の発音が不自然な場合は、該当テキスト部分を選択して「Pronunciation」機能で発音修正ができます（ローマ字などで正しい読みを入力）。

## 7 「自動リンク」を使用して ビデオクリップをスクリプトに 一致させる方法

「自動リンク」トグルを有効にすると、各シーンの長さがスクリプトの長さに合わせて自動的に調整されます。変更を適用するには、「再生ボタン」を押すだけです。

基本的にオンにしておけば問題ありません。新しいスクリプトを追加したり、既存のスクリプトを削除したりしても、対応するシーンの長さは変更されないことに注意してください。

▍自動リンク

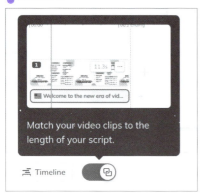

## 8 動画 Submit 時の警告

[Submit] ボタンで動画を生成しようとすると、場合によっては最大 3 種類のアラートが表示されます。これらは制作上の不整合を知らせるためのもので、ビデオを Submit することは可能です。

## 1. Overall script duration exceeds overall scene duration

スクリプトがシーン長を超えた場合、シーン外のテキストはカットされます。対策としてシーンを延長するか、シーンを追加する必要があります。

## 2. Overall scene duration exceeds overall script duration

シーンがスクリプトより長い場合、その余った部分には音声合成されず、アバターも話しません。

## 3. No Avatar in video

最終ビデオにアバターがいないことを意味します。Photo Avatar で動画を作る場合は、必ずアバタートラックにアバターを配置しないとアバターが認識されず、リップシンク（口パク）も行われません。

---

**第 7 章まとめ**

この章では、HeyGen における「トラック」（動画編集用の作業枠）の役割や、スクリプト・オーディオの扱い方、「自動リンク」機能を活用したシーン長の自動調整、そして動画生成時に出る警告メッセージの意味を整理しました。これで動画制作の基本操作を把握できたはずです。次章では、実践的なチュートリアルを通して、実際に AI アバター動画を作成する流れを体験してみましょう。

# 第8章

「AIアバターを使った動画づくりって、
本当に簡単なの？」

　そんな疑問を一気に解消するのが、本章の実践チュートリアルです。ここでは、実際の制作画面を追いながら、テンプレートの選び方やテキスト編集、音声の微調整など、HeyGenでAIアバター動画を仕上げるまでの具体的なプロセスを丁寧に解説します。また、商品紹介や教材動画、さらにはYouTubeのオープニング・エンディングといった多彩なシーンでの活用法もご紹介。あなたのチャンネルに新たな魅力を添える一歩を、ここから始めてみましょう。

第8章

# 実践チュートリアル　HeyGenで
# AIアバター動画制作をやってみる

　この章では、HeyGenを用いて実際にAIアバター動画を制作する流れを、具体的なチュートリアル形式で紹介します。

　例として取り上げるのは、筆者が作成した以下のYouTube動画です。

> 自分がAIアバターだと気づいた人々【AIアバターチューバー】
> https://www.youtube.com/watch?v=yjVsV2z--IQ

## 1 ｜動画編集画面へのアクセス

　HeyGenダッシュボードで［Create Video］をクリックします。表示されたメニューから［Avatar Video］を選択し、左カラムのメニューから［Use a template］をクリックし、テンプレート一覧を表示します。

■HeyGenダッシュボード

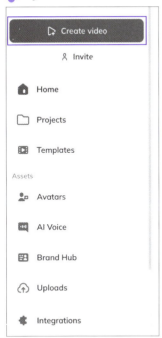

次に［Create Video］をクリックします。

■[Avatar Video]を選択

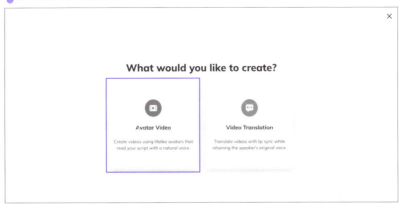

表示された画面の［Use a template］をクリックします。

■［Use a template］画面

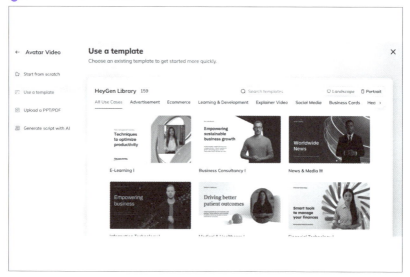

## 2 ｜テンプレートの選択と編集

　テンプレート一覧を下にスクロールし、［News & Media 1］テンプレートを選択します。［Create with AI studio］をクリックすると、動画編集画面が開きます。

▌[News & Media 1]を選択

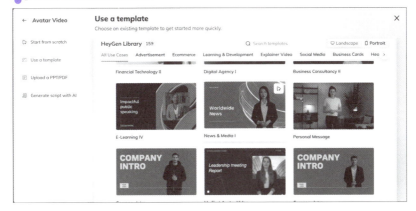

▌[Create with AI studio]をクリック

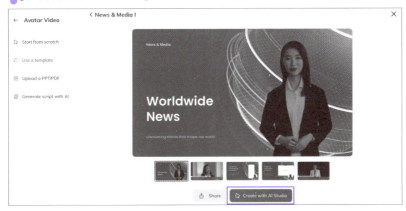

　この時点では、テンプレートに基づくスライド構成とアバター配置が表示されます。初期状態で右下に表示される HeyGen のウォーターマークは、有料アカウントであればクリックひとつで非表示にできます。

▌動画の編集画面

▌右下のウォーターマークは有料プランで非表示可能

# 3 ｜テキスト編集

　画面上で変更したいテキスト要素をクリックすると編集枠が表示されます。テキストを「AIアバターチューバーとは！？」に変更します。黄色い枠をドラッグして文字の位置を調整します。不要なテキストは右クリックして［Delete］を選択すれば削除可能です。

> 💡 **ポイント**
> テキストをシンプルでわかりやすい表現にまとめると、視聴者が内容を即座に理解しやすくなります。

▎テキスト編集画面

## ■テキスト変更後の画面

## ■テキスト削除画面

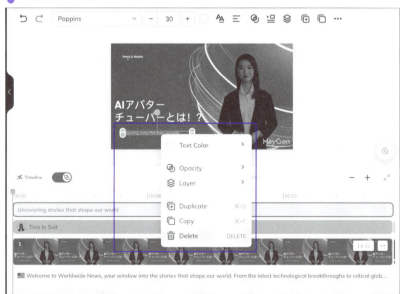

# 4 ｜音声・スクリプト設定

　左カラムのメニューから［Script］をクリックします。日本語の音声でナレーションさせたい場合、［Millennial Molly］などの英語話者モデルを選択し、［English］→［Japanese］へと切り替えて、日本語話者モデル（例：Himari-Natural）を選びます。

▍[Millennial Molly]をクリック

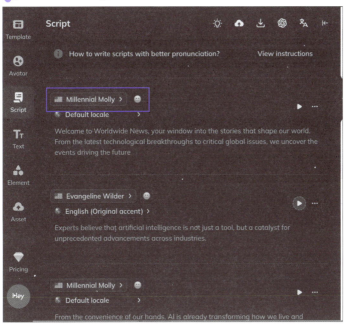

▎[English] → [Japanese]へと切り替えて、日本語話者モデル(例：Himari-Natural)を選択

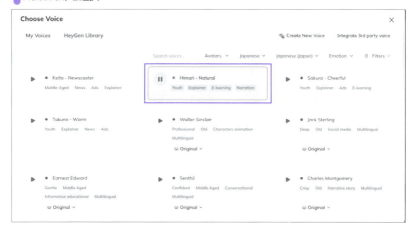

　スクリプト欄に「こんにちは、今日は AI アバターチューバーを紹介します」など、アバターに話させたいセリフを入力します。

▎アバターに話させたい台本を入力

再生ボタン横のメニューアイコンをクリックして、Speed（再生速度）やPitch（声の高さ）、Volume（音量）を調整できます。

Pitchを上げれば若く明るい印象、下げれば落ち着いた雰囲気になります。

スピードを1.2倍に設定するなど、好みに合わせた微調整が可能です。

> **ポイント**
> 声優モデルが限られている場合、Pitchを変えることで異なるキャラクターの声質を演出できます。

### Speedを1.2倍に設定

Scriptパネルの再生ボタンを押すと、音声が再生されます。それに伴い、右側の編集画面の音声の長さが調整されます。

# 5 シーン追加・削除と長さ調整

　他のシーンも同様に、日本語話者モデル（例：Sakura）を選び、スクリプトと音声を設定します。テンプレートで不要なシーンは、シーンを右クリックして［Delete Scene］で削除ができます。スクリプトがシーンの長さより長い場合、シーンの端をドラッグして長さを伸ばします。または［Duplicate Scene］を使い、シーンを複製して音声トラックに合わせることもできます。

> **ポイント**
> ・音声が長くてシーンからはみ出したら、シーンを延長
> ・音声が短くてシーンが余るなら、シーンの長さを短く調整

▌次のシーンのスクリプトを編集

## 画面のテキストを編集

## 不要なシーンを[Delete Scene]で削除①

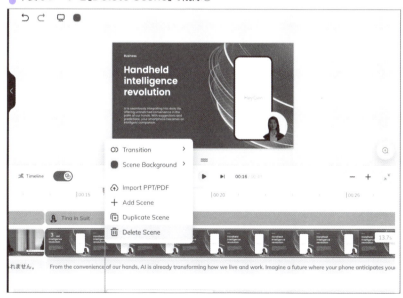

▎不要なシーンを[Delete Scene]で削除②

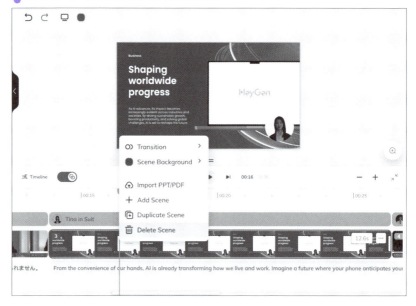

## 6 ｜新規スクリプトの追加

　Scriptパネルで［+］を押して新しいスクリプトを追加できます。画面上の＋アイコンから［Add script］を選んで追加する方法もあります。
　追加したスクリプトに文章を入力し、音声モデルやPitch、Speedを設定し、全体的な流れに合わせます。
　次のシーンのScriptパネルではPitchを上げて別の人の声を表現します。Pitchを10%にSpeedを1.2xに上げてみましょう。

■Pitchを10%にSpeedを1.2xに調整

■スクリプトを入力

　シーンより音声が長くなった際は、シーンの＋をクリックして[Duplicate Scene] を選択します。これによりシーンが複製されます。

■シーンの複製

# 7 │シーンの再配置と調整

シーンをドラッグ&ドロップして順番を変えられます。

最初のシーンに戻り、シーンを右クリックして［Duplicate Scene］をクリックします。シーンが複製されるため、シーンをドラッグ&ドロップしてシーンの最後に追加します。

ノートPCで操作している場合、［Shift］＋マウスホイールでタイムラインを横スクロールすると、長いタイムラインも見やすくなります。

■最初のシーンを複製し、最後にドラッグ&ドロップ

[Add script] でスクリプトを追加します。

■スクリプトを追加して入力

## 8 ｜動画プレビューと書き出し

　画面中央の再生ボタンをクリックするとプレビュー可能です。ただし、この段階ではAIアバターは静止状態ですが問題ありません。完成動画でアバターは動くようになります。
　最終的に［Submit］をクリックして動画生成（書き出し）を行います。
　ウォーターマークの有無は有料プランで切り替え可能です。
　書き出しが完了したら［Download］をクリックすれば、MP4形式で動画をダウンロードでき、そのままYouTubeにアップロードできます。

▍書き出し設定画面

▌書き出し完了画面

　書き出しが完了した画面をクリックして、[Download]をクリックしてダウンロードします。

▌[Download]をクリック

　再生するとAIアバターが動きます。

▌[Download]をクリックすると動画はMP4形式でダウンロードされる

## 9 ｜コラボレーションとシェア

　[Download] の右側にある [Share] をクリックすると、[Collaborate] と [Share] の 2 つのメニューが表示されます。

▌ShareのCollaborate画面

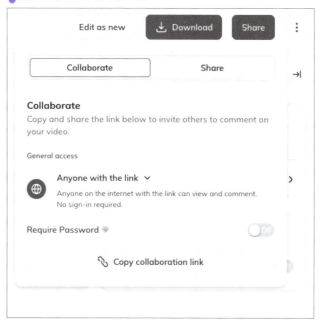

## ▶ Collaborate（コラボレーション）

　[Copy collaboration link] をクリックすると、動画へのリンクをコピーできます。このリンクを共有すると、他の人を動画のコメント作成に招待できます。一般公開前にフィードバックを受けたい場合などに便利です。この機能は、YouTube でいう「限定公開リンク」に相当します。

### デフォルト設定

　権限は「Anyone with the link（リンクを知っている人なら誰でも）」に設定されています。この設定では、リンクを知っている人がインターネット上で動画を閲覧し、コメントを残すことができます。サインインは不要です。

### 権限の変更

「Anyone with the link」のトグルをクリックすると、権限を以下のいずれかに変更できます。

・Project：
プロジェクトフォルダにアクセスできる人なら、リンクを利用可能です。
・Team：
チームのメンバー全員が、リンクを使用して動画を閲覧・コメントできます。

■権限の変更画面

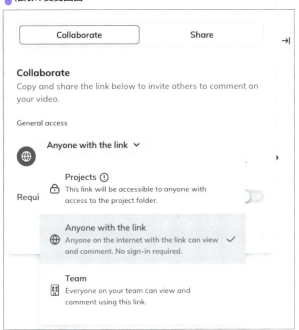

## ■Share（共有）

[Publish] の画面に切り替わり、動画を一般公開することができます。

## 公開機能

［Publish］をクリックすると、動画が公開され、次の方法でシェア可能になります。

・Web サイトへの埋め込み（Embed）
・Twitter や LinkedIn などの SNS での公開
・メールでの送付

## 公開後の変更

公開後も、必要に応じて Unpublish に切り替え、公開を取り下げることができます。

▍Shareを選択した画面

▌Publishを選択した画面

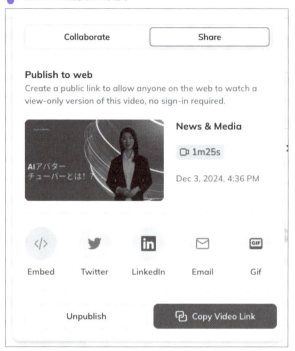

# 10 | シチュエーション別 動画テンプレート完全活用ガイド

　動画と一口に言っても、その用途やスタイルは実に多岐にわたります。適切なテンプレートや編集方法を選ぶことで、視聴者に与える印象や効果を最大化できます。ここでは、HeyGen を活用して作成する**商品紹介動画、教材動画、YouTube のオープニングとエンディング**の各シチュエーション別動画について、テンプレートの選び方や使い方のコツを詳しく解説します。

## 1. 商品紹介動画：インパクトで購買意欲を高める

　商品紹介動画では、「カテゴリー」「おすすめテンプレート」「特徴」を次のように設定します。

---

カテゴリー：
Advertisement, Ecommerce
おすすめテンプレート：
Makeup Selling
特徴：
洗練されたデザインと CTA（行動喚起）の配置が特徴的。

---

■ おすすめテンプレート：Makeup Selling

## ■ 作成のコツ

### 商品の強みを 3 秒で伝える

　視聴者が離脱する前に、商品の特徴や価値を明確に伝えるキャッチコピーを冒頭に入れましょう。

### 視覚効果を最大限活用

　商品の魅力を伝えるために、クローズアップやアニメーションを利用します。例えば、360 度の回転ビューや使用シーンを挿入しましょう。

### CTA を必ず設置

　「今すぐ購入」「詳細はこちら」などのアクションを動画の最後に配置して行動を促します。CTA は「Call To Action（コール トゥ アクション）」の略です。これは、「何か行動を起こしてほしい」という呼びかけや指示を意味します。広告やウェブサイトで、見ている人に具体的な行動をしてもらうために使われます。YouTube でも動画の最後に「高評価とチャンネル登録をお願いします」という言葉を聞いたことがあると思います。これが CTA です。

## 2. 教材動画：視聴者が学びやすい環境を提供

教材動画では、「カテゴリー」「おすすめテンプレート」「特徴」を次のように設定します。

**カテゴリー：**
Learning & Development ,Explainer Video
**おすすめテンプレート：**
Fitness Workout
**特徴：**
見やすいテキスト配置とスライドとの同期が容易。

▌おすすめテンプレート：Fitness Workout

# ◗ 作成のコツ

## 構造をシンプルにする

情報を小分けにして伝え、各セクションを明確に区切ります。スライドにタイトルをつけ、内容が一目で分かるようにしましょう。

## 図解やビジュアル素材を活用

抽象的な概念を図表やアニメーションで具体化し、視覚的に理解を助ける工夫をします。

## 実際の画面録画を追加

教材動画では実際の Web サービスの画面といった画面録画を映す場面も多いため、AI アバターサイズは小さめが適しています。

### 3. YouTube オープニングとエンディング：チャンネルの顔を作る

　YouTube オープニングとエンディングでは、「カテゴリー」「おすすめテンプレート（オープニング／エンディング）」「特徴」を次のように設定します。

---

カテゴリー：
Social Media
おすすめテンプレート（オープニング）：
Welcome to My Channel
おすすめテンプレート（エンディング）：
Youtube Outro
特徴：
動画の冒頭と末尾で視聴者の注意を引き、記憶に残るデザイン。

---

▌テンプレート：Welcome to My Channel

▍テンプレート：Youtube Outro

## ▶ 作成のコツ

### オープニングで印象を残す
　チャンネル名やロゴをアニメーション化して目を引くデザインを採用します。音楽も明るくエネルギッシュなものを選ぶと効果的です。

### エンディングで行動を促す
　視聴者に「チャンネル登録」や「次の動画を見る」よう促す文言やボタンを明確に配置します。実際のチャンネ登録ボタンや次の動画の設定は、YouTube 側で行います。そのため動画としては枠だけ用意する形になります。

### AI アバターの活用は必須ではない
　YouTube チャンネルのオープニングやエンディングは、HeyGen の AI アバターやテンプレートを使って手軽に作成できます。しかし、AI アバターにこだわる必要はありません。他のツール（例：Canva）を活用したり、外部のクリエイターに外注して制作することも一つの選択肢として考えておきましょう。

## 第 8 章まとめ

　この章では、HeyGen で実際に AI アバター動画を作成する一連の手順を学び、テンプレート選びやスライド編集、音声調整、そして多様な用途（商品紹介、教材、オープニング・エンディング）への応用方法を理解しました。これで、実践的な制作プロセスの全体像がつかめたはずです。次章では、HeyGen の新たな機能（$\beta$ 版）を通じて、より先進的で柔軟な動画制作体験に挑戦してみましょう。

# 第9章

　「AIアバター動画」も、もはや"見るだけ・作るだけ"では終わりません。HeyGenが先行公開している数々の"β版機能"では、ユーザーそれぞれに合わせたパーソナライズド動画の大量生成や、URLを入力するだけでウェブページを映像化するといった、これまで想像もしなかった新しい体験が可能になります。

　本章では、対話型AIアバターからハイライト自動抽出、URLやPDFを動画化する仕組みまで、試験運用中の革新的な機能の数々をいち早くご紹介。現時点では予期せぬ不具合や仕様変更もあり得ますが、それこそが"未来の動画作成体験"を先取りできる醍醐味です。ぜひ、次世代のコンテンツ制作の可能性を、ここで一足先に体感してみてください。

## 第9章

# HeyGenのβ版機能紹介
# 〜未来の動画作成体験を先取り！〜

　HeyGenは常に進化し続けており、最新の「β版機能」を試すことで、これまでにない新しい動画制作体験が得られます。本章では、現在利用可能な5つのβ版機能を紹介します。これらは試験的な段階（β版）であるため、予期せぬ仕様変更や不具合が発生する可能性がある点にご留意ください。

## 1 | β版機能にアクセスする方法

次の手順でβ版機能にアクセスできます。

1. HeyGenのホーム画面からメニュー［Menu］を開きます。
2. ［Labs］を選択すると、現在利用可能なβ版機能を確認できます。

▎メニュー画面[Labs]を選択

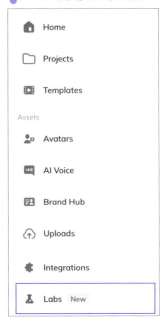

## 2 ｜現在利用可能な5つのβ版機能

現在（執筆時点）利用可能なβ版の機能には次の5つがあります。

### ▶ 1. Interactive Avatar：驚くほど自然な会話型AI体験！

　AIアバターとリアルタイムで対話できる機能です。まるで人と話しているかのような自然なコミュニケーションが可能です。「3　Interactive Avatar：驚くほど自然な会話型AI体験！」で作成方法を説明します。

### ▶ 2. Personalized Video：パーソナライズされた動画メッセージを一度の録画で大量配信！

　一度録画した動画をもとに、数千ものパーソナライズ動画を自動生成します。

「4 IPersonalized Video：パーソナライズされた動画メッセージを一度の録画で大量配信！」で作成方法を説明します。

原稿執筆時点では利用可能でしたが、現在は使用できません。

ただし、公式発表によると将来的に正式版に組み込まれる予定とのことです。原稿執筆時点での本機能を紹介します。

## 3. Instant Highlight：長い動画を簡単にハイライト動画に変換！

長時間の動画から重要なシーンだけを抽出し、複数の短いハイライト動画を自動生成します。

「5 Instant Highlight：長い動画を簡単にハイライト動画に変換！」で作成方法を説明します。

## 4. URL to Video：ウェブページを魅力的なビジュアルストーリーに変換！

任意の URL を入力するだけで、ウェブページの内容を動きのある動画に変換できます。

「7 URL to Video：ウェブページを魅力的なビジュアルストーリーに変換！」で作成方法を説明します。

## 5.Video Podcast：PDF をポッドキャストに変換

任意の PDF や URL を入力するだけで、2人のアバターが対話する動画を生成します。

「8 Video Podcast：PDF をポッドキャストに変換」で作成方法を説明します。

### 現在利用可能な5つのβ版機能

## 3 | Interactive Avatar：
驚くほど自然な会話型 AI 体験！

まるで本物の人と対話しているかのような、インタラクティブな会話型動画を作成できます。

### ■ ステップ1：会話するアバターをテンプレートから選択

テンプレートからアバターを選び、「Chat with Sofia(AI アバター名)」をクリックします。

▌アバター選択画面

▍[Chat with Sofia]をクリック

　今回紹介するAIアバターの「Sofia」は、ビジネスコーチとしての役割に特化しており、ユーザーのビジネス課題に対してアドバイスをしたり、アイデアをブレインストーミングしたりすることを目的としています。あらかじめ役割が明確に設定されているため、実際のやり取りでも、ビジネスに焦点を当てた適切な会話が期待できます。たとえば、事業戦略の見直しや新規プロジェクトのアイデア出しといった具体的な相談に対しても、Sofiaがビジネスコーチの視点からサポートしてくれるのです。

## ▶ ステップ２：対話方法を選択

対話の方法を次の方法で選択します。

> [Start new Chat]：
> ブラウザ上で直接会話する画面を作成可能
> [Connect to Zoom]：
> Zoomと接続し、ビデオ通話スタイルの対話画面を作成可能

▌対話方式を選択

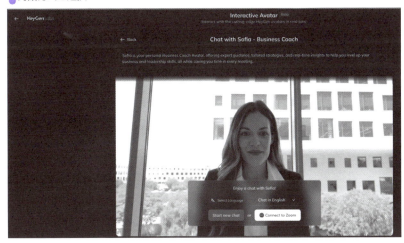

　[Chat in English] を押して [Japanese] を選ぶことで、日本語での対話が可能です。マイク使用許可を求められるので許可してください。

■言語選択

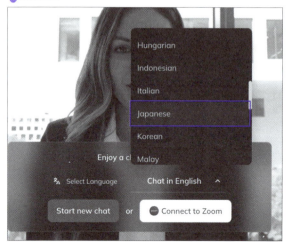

■マイク使用を許可(Google Chrome)

## ▶ ステップ3：対話

　まるで本当にビデオ通話をしているかのようにリアルなAIアバターと会話できます。字幕表示（[Tt] アイコン）でアバターの発言をテキスト表示でき、語学学習やカスタマーサポート代替など、多様な応用が期待できます。

▍AIアバターと対話(web)

▍AIアバターと対話(zoom)：zoomでは複数のアバターと対話可能

## Interactive Avatar の使い道のアイデア

Interactive Avatar は以下のようなジャンルの動画での使用が考えられるでしょう。

**オンライン接客サポート：**
営業時間外でも AI が顧客対応
**語学学習：**
バーチャル英会話パートナーとして利用
**教育分野：**
AI 教師による生徒の質問対応
**エンタメ：**
ゲーム内キャラクターやインタラクティブ物語の実現

# 4 Personalized Video：パーソナライズされた動画メッセージを一度の録画で大量配信！

　一度録画した動画をベースに、視聴者ごとに異なる情報（名前、メール、会社 URL など）を挿入し、数千もの個別メッセージ動画を自動生成できる画期的な機能です。ただし現在、Personalized Video の機能は利用できません。

　しかし、公式発表では将来的に正式版に組み込まれる予定とされています。

　そのため、ここでは β 版の際に確認した利用手順を簡単に紹介します。

## ▶ステップ 1：AI アバターを選択する

　[Get started] をクリックし、既存のアバターを選択するか、新規に作成します。

## ▶ステップ 2：テンプレートから選択

　作成したい動画のタイプをテンプレートから選びます。

## ▶ステップ 3：変数定義

　視聴者ごとにカスタマイズする情報（例：[first_name] [email] [company_url]）を設定します。

　新しい変数を追加することも可能です。

　設定した変数は後で特定の視聴者向けに置き換えられ、個別動画が自動生成されます。

## ▶ステップ 4：スクリプト編集と Submit

　動画内で表示する Web サイトの URL や AI アバターの位置を設定します。

スクリプト編集では、定義した変数を挿入し、パーソナライズした動画を作成します。

完了したら、[Submit] をクリックして動画を生成します。

## ステップ5：生成した動画の管理と送信

生成された動画は、プロジェクト管理ページで確認・管理できます。

[Send email] をクリックすると、指定したメールアドレスに動画を送信できます。

Tracking 機能を使えば、開封状況や再生回数を確認できます。

## Personalized Video の使い道のアイデア

Personalized Video は以下のようなジャンルの動画での使用が考えられるでしょう。

マーケティングキャンペーン：
顧客名入りの特別メッセージ
営業活動：
リード顧客向け提案動画
イベント招待：
参加者ごとに日程や場所を明記
社内コミュニケーション：
部署や職位に合わせた動画連絡

## 5 Instant Highlight：
## 長い動画を簡単にハイライト動画に変換！

長い動画から重要シーンを抽出し、短いハイライトクリップを自動生成。YouTube 用の長い動画を TikTok 用の短い動画に変換できます。

### ■ ステップ 1：動画を指定

動画の URL を入力するか、動画ファイルを直接アップロードします。言語を選択して［Get Highlights］をクリックします。

▌動画指定画面

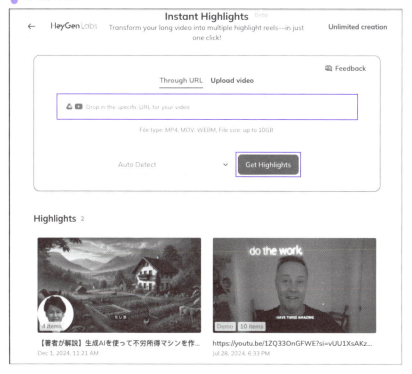

## 言語選択画面

**Instant Highlights** Beta
Transform your long video into multiple highlight reels—in just one click!

Through URL    Upload video

https://www.youtube.com/watch?v=EC7AsxIzO0Q

File type: MP4, MOV, WEBM, File size: up to 10GB

Auto Detect    ∧        Get Highlights

🔍 Search

Icelandic

Indonesian

Irish

Italian

Japanese

Javanese

# ▶ ステップ２：ハイライト動画をカスタマイズする

生成するハイライト動画の詳細設定を行います。

**[Highlight instructions]**：
ハイライトしたい動画の具体的な部分やシーンを記述します。
**[Clip duration]**：
ハイライト動画の長さを設定します。ただし、シーン全体を最適に収めるため、実際の再生時間が若干変動する場合があります。
**[Clip aspect ratio]**：
動画の画面比率を選択します（例：16:9 や 1:1 など）。
**[Caption settings]**：
字幕の表示・非表示を選択します。

［Confirm］で処理開始後、複数のハイライト動画が生成され、ダウンロードやSNS共有可能です。

■ハイライト動画の設定画面

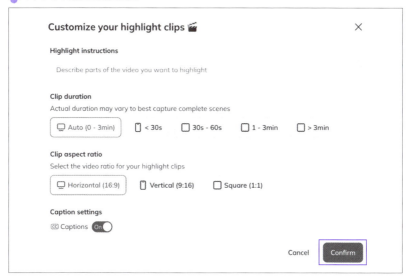

■複数のハイライト動画を生成

　各項目をクリックすると、再生画面が表示され、内容を確認できます。また、動画のダウンロードやSNSでの共有も可能です。

▍実際に作成したハイライト動画の例

## 6 ｜ Instant Highlight の使い道のアイデア

　Instant Highlight は以下のようなジャンルの動画での使用が考えられるでしょう。

**SNS 用プロモーション：**
長いイベント動画を短いクリップで拡散
**ウェビナー要約：**
重要ポイントのみ抽出してフォローアップ
**スポーツハイライト：**
試合名場面のまとめ動画作成
**学習コンテンツ要約：**
講義動画から復習用ダイジェスト制作

# 7 URL to Video：ウェブページを魅力的なビジュアルストーリーに変換！

URL を入力するだけで、ウェブページの内容を動画として生成します。

## ◗ ステップ1：URL 入力

任意の URL を入力し、HeyGen がページ内容から構成要素（名前、詳細、メディア）を自動生成します。

▌URL入力画面

　Product Info ページでは、名前、詳細、メディアが自動的に生成されます。

　ロゴを追加し、製品情報を確認します。これらの情報は、次のステップで自動生成される原稿に組み込まれます。

▍自動生成された製品情報

### ◾ ステップ２：原稿とターゲット設定

　ターゲットオーディエンスを具体的に説明することで、原稿を視聴者に合わせた内容に調整できます。

**Target audience**：
生成されるタグの中から視聴者の属性を選択します。
**Video language**：
使用する言語を選択します（例：[Japanese] を選択）。

設定が完了したら、[Next] をクリックします。

複数の原稿候補が表示されるので、動画に使用したい原稿を選択します。テキストを編集してカスタマイズすることも可能です。

▎オーディエンス設定画面

■ 自動生成されたスクリプト編集画面

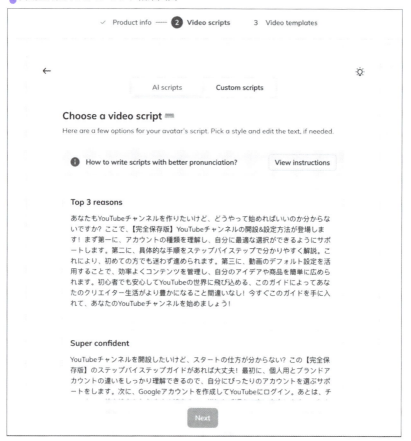

## ステップ3：テンプレートの選択

　次に、AIアバターを使用した動画の複数のテンプレートが表示されます。希望のテンプレートを選択し、[Submit] をクリックすると、動画が生成されます。

▌動画テンプレート選択画面

# 8 ｜URL to Video の使い道のアイデア

　URL to Video は以下のようなジャンルの動画での使用が考えられるでしょう。

**商品紹介動画**：
EC サイトの商品ページを動画化
**ブログ記事プロモーション**：
記事を動画にして SNS 発信
**求人情報動画化**：
採用情報を動画にし、候補者に印象的に提示
**教育用動画**：
教育用ページを動画化し、学習者に訴求力 UP

# 9 Video Podcast：PDFをポッドキャストに変換

「Video Podcast」機能では、任意のPDFファイルやURLを入力するだけで、2人のアバターが対話形式でコンテンツを紹介・議論する動画を自動生成できます。これにより、テキストベースの情報（ドキュメントや記事）を、まるでラジオ番組やトークショーを見ているかのような形式で視聴者に届けることが可能になります。

実際に筆者のブログ記事を変換した動画が以下です。

https://www.youtube.com/watch?v=5pxeov-OsMY

■ブログ記事を対話形式のコンテンツに変換

## ▶ 1. 元データの指定

PDFファイルをアップロードするか、URLを入力します。たとえば、あなたがNote（ブログサービス）に掲載している記事URLを指定すれば、その記事内容が元データとなります。

## 2. アバターの選択

表示されるアバター一覧から 2 人のアバターを選びます。

この組み合わせによって、対話形式の進行が生まれ、視聴者にとって聞きやすく、理解しやすいコンテンツとなります。

## 3. 動画生成

設定が完了したら、[Submit] をクリックすると、記事や PDF の内容をもとにした会話型動画が自動的に作成されます。

**❶注意点**

現時点では日本語非対応のため、日本語のテキストや記事を入力しても、生成される会話は英語で行われます。

PDFまたはURLを入力し、2人のアバターを選択して動画を生成

## Video Podcast Beta

Generate AI duel video podcast with a few clicks!

< Step 2 - Select your avatars and video ratio

Avatar1  Avatar2

< 3min    3-5min    5-10min

🖵 Horizontal (16:9)    📱 Vertical (9:16)    ☐ Square (1:1)

Submit

## 10 ｜ Video Podcast の使い道

　Video Podcast は以下のようなジャンルの動画での使用が考えられるでしょう。

**ロングフォームコンテンツの再利用：**
長い記事やレポートを会話形式の動画に変換
**教育コンテンツの拡張：**
学術論文や教材 PDF を対話形式で解説する動画に変換
**ブランドコンテンツの強化：**
自社のホワイトペーパーや製品ガイドを動画化して、見込み客や顧客に
インパクトあるコミュニケーションを提供
**ポッドキャスト的プロモーション：**
オーディオ主体のポッドキャストを補完し、視覚的要素と相まった新し
いエンタメコンテンツとして活用

## 11 ｜ 動画制作分野における 今後のトレンド予測

　これらの $\beta$ 版として公開されている実験的な機能群は、動画制作の新しい潮流を予感させる重要な手がかりです。ここでは、$\beta$ 版機能群から動画業界のトレンドを展望します。

### ▶ 1. 対話型動画の普及

　ChatGPT などの言語モデルと動画生成技術が結びつくことで、学習、カスタマーサポート、エンタメ分野での対話型動画が一般化すると考えら

れます。視聴者はただ「見る」だけでなく「話しかける」ことが当たり前となり、コンテンツとの境界が曖昧な没入型体験が主流になる可能性があります。

## ■ 2. 映像パーソナライズの標準化

Personalized Video が示すように、ユーザー毎に異なる動画を配信することが容易になれば、顧客体験（CX）向上やコンバージョン率改善に直結します。これは広告、営業、人材育成など多方面に波及し、動画制作の標準プロセスに「パーソナライズ」の概念が当たり前に組み込まれるでしょう。

## ■ 3. 効率的な情報処理ツールとしての動画

Instant Highlight 機能は、膨大な情報を効率的に処理・再利用するニーズに応えます。将来的には、あらゆる長尺コンテンツが自動的に要約・再編集され、ユーザーは興味部分だけを素早く得られる世界が見えてきます。

## ■ 4. マルチモーダル変換の一般化

URL to Video や Video Podcast の概念は、文字情報が瞬時に動画化される「マルチモーダル変換」の普及を示唆します。文字、音声、画像、動画といった異なるメディア形式の自由な横断が容易になり、多言語対応やユーザーエクスペリエンスの向上も期待されます。

---

**第 9 章まとめ**

この章では、HeyGen の β 版機能がもたらす新しい動画制作体験を学びました。対話型動画やパーソナライズ、ハイライト抽出、URL 変換、PDF 対話型変換など、従来になかった手法が登場し、動画表現や運用に新たな可能性を示しています。次章では、スライド作成や音声強化など、さらなるツール活用でプロ並みの動画品質を目指しましょう。

# 第10章

　どんなにAIアバターの動きが自然でも、スライドの質のクオリティが低ければ視聴者の印象はガタ落ち。本章では、動画の"見せ方"を劇的に高めるためのAIツールを厳選して紹介します。HeyGenの弱点を補完しつつ短時間でプロ並みの動画を仕上げるコツを伝授します。

　せっかく生まれたAIアバターが埋もれないよう、最先端のAI技術を味方に付けて"総合力"で勝負する――そんな一歩先のクリエイティブ環境を、ぜひ一緒に作り上げていきましょう。

# 第10章

# プロ並みの動画品質へ！
# スライド制作AIツール5選

　動画は、視覚的なインパクトと情報伝達の効率を兼ね備えたメディアです。特にプレゼンテーションや教育、プロモーション用の動画では、「スライドの質」が視聴者への印象を大きく左右します。本章では、日本語対応が優れたスライド作成AIツールを5つ紹介します。これらのツールを組み合わせることで、短時間でプロフェッショナルなスライドを作成でき、動画全体の完成度を劇的に高めることが可能です。また、動画のサムネイル制作にも役立ちます。

## 1 ｜ HeyGen の弱点と補完策

　基本的には先で紹介した HeyGen で動画のスライドを作ることができます。ただ、HeyGen のスライド作成機能は簡易的でテンプレートもまだ少ないです。複雑なデザインや高品質なスライド制作には限界があります。また、音声が不自然な場合の修正は手間がかかります。

　せっかく効率的に動画を作っても、動画の質の低さや不自然さで視聴者が離れてしまっては本末転倒になってしまいます。

　そこで、本章で紹介する AI ツールを活用することで、スライド制作や音声の自然化が容易になり、HeyGen で生成する動画をより魅力的なものにできます。

## 2 | Canva：直感的でデザイン豊富な万能ツール

https://www.canva.com/

Canva には次のような特徴があります。

**多彩なテンプレート：**
ビジネス、教育、SNS 向けなど、数千種類のテンプレートを自由に活用可能。
**日本語フォント対応：**
美しい日本語フォントを多数搭載。文字装飾も簡単で、プロフェッショナルな仕上がりを実現。
**AI サポート：**
テキスト生成や画像検索など、AI がクリエイティブな作業を強力にサポート。

### ポイント

無料版でも多機能ですが、有料版（Canva Pro）ではさらに多くのデザインオプションや便利な機能が使えます。スライド制作だけでなくサムネイル作成にも便利です。

以下は Canva で作成したスライド例（有料版を使用）です。

▍Canvaを用いて短時間でプロフェッショナルなスライドを生成

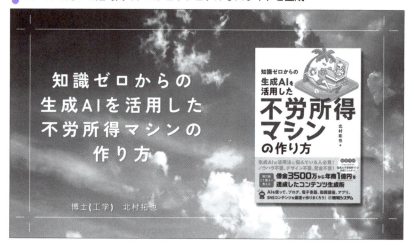

## 3 Gamma：AIによるスライド生成と直感的編集が魅力

https://gamma.app/ja

Gammaには次のような特徴があります。

**AIによるスライド生成：**
文章を入力するだけで、デザインやレイアウトをAIが自動で作成。
**簡単な編集機能：**
生成されたスライドをその場で調整可能。手軽に自分好みの仕上がりに変更可能。
**多機能スライド作成ツール：**
AI機能を使用しなくても、直感的な操作で美しいスライドが作成可能。

> **ポイント**
> AI生成スライドはまだ直接プレゼンや動画で使える完成度にはやや欠ける場合があります。

以下はGammaでプロンプトを使い、自動生成したスライドの例です。

▍文章入力→AIがレイアウト提案→微調整で完成（Gamma）

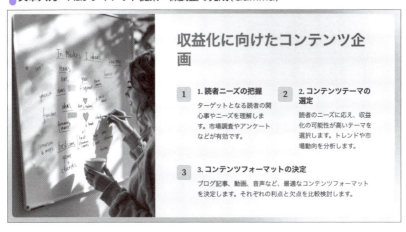

## 4 ｜Felo：国産ツールならではの使いやすさ

https://felo.ai/ja/search

Feloには次のような特徴があります。

**優れたスライド内容：**
Web上の情報を取得し、効果的なスライド構成を自動生成。
**自動フォーマット提案：**

AIがテーマに応じて最適なデザインを提案。
**マインドマップ生成**：
マインドマップ作成機能も搭載し、アイデアの整理や構造化に役立つ。

> **ポイント**
> 生成されたスライドの修正は、ダウンロード後にPowerPointで行う形になります。手軽で高品質な国産ツールとして注目されています。

以下はFeloで生成したスライド例です。

■文章入力→AIがレイアウト提案→微調整で完成（Felo）

## 5　PowerPointでのCopilot：信頼と進化を兼ね備えた定番ツール

PowerPointでのCopilotには次のような特徴があります。

**AI デザインアイデア提案：**

Microsoft AI がスライドデザインを自動で提案し、効率的に作業が進められる。

**豊富なテンプレート：**

ビジネス、教育、クリエイティブ向けなど幅広いテンプレートを利用可能。

**使いやすさ：**

長年愛されている操作性が魅力で、多くの人が使い慣れた環境を提供。

---

**ポイント**

誰もが使えるシンプルな操作性を維持しつつ、AI の導入によりさらに効率化が可能です。

## 6 | Napkin.AI：図解生成に特化した次世代ツール

https://app.napkin.ai/

Napkin.AI には次のような特徴があります。

**AI による図解生成：**

文章を入力するだけで、プロフェッショナルな図解を自動生成。

**豊富な図解パターン：**

用途に応じて選べる多彩な図解パターンを搭載。

**簡単な修正機能：**

テキストや矢印の位置、色などもその場で素早く調整可能。

> **ポイント**
> 図解作成に特化した AI ツールで、ビジュアル重視のプレゼンテーションや教育資料の作成に最適です。上記で紹介したツールと組み合わせると効果的です。

▍Napkin.aiで作成した図解の例(文章から自動生成された図解)

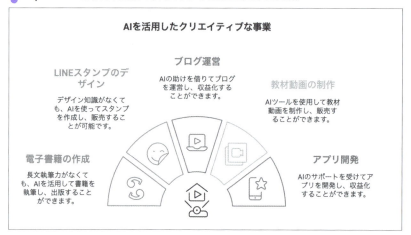

第10章まとめ

　この章では、HeyGen を用いて「スライド品質」を高める複数の AI ツールと、効率的な制作手法を学びました。Canva や Gamma などでプロ級のスライドを作り、組み合わせることで、より魅力的な動画コンテンツが実現可能です。

# 第11章

　せっかく魅力的なAIアバターを作っても、"声"が不自然だと視聴者の集中力は一気に削がれてしまいます。本章では、そんな問題を解消するための4つの実践的な対策をご紹介。AIが発音しやすいスクリプトへの修正や自前録音の活用、外部の高度な音声合成サービスとの連携、そしてサンプル音声を用いた学習強化まで、多彩なアプローチを取り上げます。

　あなたのYouTubeチャンネルを、よりスムーズで心地良い"声"で彩るためのヒントが詰まった一章。話し方の"人間らしさ"を保ちながら、テクノロジーの力を最大限に活用するコツをぜひ掴んでみてください。

## 第11章

# AIアバターの音声を
# より自然にする方法

　HeyGenを用いる際、多くのユーザーが直面する課題のひとつに、「日本語ボイスの不自然さ」が挙げられます。せっかく作成した動画が、不自然なイントネーションや聞き取りづらい発音のせいで、視聴体験を損ねてしまうのは避けたいものです。本章では、この問題を解決するための実践的な方法を4つ紹介します。

### 1 パターン1：AIが発音しやすいスクリプトに修正する

　最も基本的な対策は、AIが読み上げやすいように、元のテキストを調整することです。言葉の区切りや文の長さを考慮し、テンポよく発話できる構成に仕上げるだけで、驚くほど自然な音声になります。

【具体的な改善方法】
・ローマ字化：
　日本語テキストをローマ字に変換すると、AIが音素を理解しやすくなります。
・適度な句読点の挿入：
　文章を短く区切り、読点を増やすことで、音声合成が適切な間をとりやすくなります。
・短いフレーズへの分割：
　一文を複数の短いフレーズに分け、テンポを整えると自然さが向上します。

　自分ですべてのスクリプトを修正するのは大変なため、ChatGPTを活

用することをお勧めします。

> **ChatGPT へのプロンプト例**
>
> 「以下の文章を AI が読み上げやすいように変換してください。
> 具体的には、すべてローマ字表記にし、句読点を増やし、長い文を短
> いフレーズに分けてください。」

**ChatGPTを使用してスクリプトを改善する例**

> 以下の文章をAIが読み上げやすいように変換してください。
> 具体的には、すべてローマ字表記にし、句読点を増やし、長い文を短
> いフレーズに分けてください。
>
> 最も基本的な対策は、AIが読み上げやすいように、元のテキストを調
> 整することです。言葉の区切りや文の長さを考慮し、テンポよく発話
> できる構成に仕上げるだけで、驚くほど自然な音声になります。
>
> 以下のように変換しました。
>
> Moto mo kihonteki na taisaku wa, AI ga yomiage yasui you ni, moto no tekisuto o chousei suru
> koto desu.
> Kotoba no kugiri ya, bun no nagasa o kouryo shimasu.
> Tempo yoku hatsuwa dekiru kouzou ni shiageru dake de, odoroku hodo shizen na onsei ni
> narimasu.

# 2 | パターン2：自分で声を録音して使う

AI 音声ではなく、自ら録音した声を HeyGen に取り込むのもひとつの
手です。自身の声や話し方をそのまま反映できるため、イントネーション
や抑揚がより自然になるでしょう。

HeyGen の Script パネルの [Add recording] から録音できます。

▍HeyGenのScript画面

［Click to Start］を押すと録音が始まります。

▍HeyGenの音声録音画面

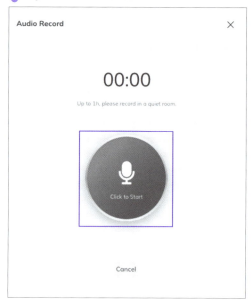

> **ポイント**
>
> ・録音環境の整備：
>
> 高品質なマイクや静かな場所で録音することで、ノイズを極力減らします。
>
> ・後処理が前提：
>
> たとえ録音環境が良くても、微細なノイズが混入する場合があります。HeyGen で生成した動画をエクスポートしたら、動画編集ソフトでノイズ除去やエフェクト調整を行うと、さらに自然な仕上がりが期待できます。

# 3 パターン 3：外部の音声 AI サービスとの連携

HeyGen は他の音声 AI サービスと組み合わせることも可能です。たとえば、Elevenlab などの高度な音声合成エンジンを利用すれば、より自然な日本語ボイスを作り出せます。

外部サービスで生成した音声を HeyGen にインポートすれば、柔軟なカスタマイズが可能です。

ダッシュボードの左カラムのメニューの ［AI Voice］ をクリックし、［Integrate 3rd party voice］をクリックすると次の画面が表示されます。

▎HeyGenのIntegrate 3rd party voice画面

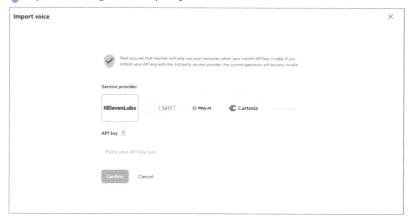

## 4 パターン4：学習用のサンプル音声を活用する

HeyGenでボイスを作成する際、読み上げ用のサンプル文章を録音することで、AIがより自然な発声パターンを学習できます。たとえば、自然な区切りとイントネーションが示された「教材的な」例文を用意し、それを学習データとしてフィードバックすることで、AIボイスの品質を底上げすることができます。実際に私もPhoto Avatarで収録した音声と、専用の例文を読み上げた音声を比較したところ、後者の方が自然な音声を出力できるようになりました。もちろんこれには録音した音声の長さも影響しています。

### ▶AI音声録音用の台本

ここで紹介するのは、AI音声生成ツール「HeyGen」を活用する際に役立つ実践的な台本です。実際、私自身がHeyGenで録音する際、適切なサンプルテキストが見つからず悩んだ経験があります。そこで、この台本では以下のような工夫を凝らし、AIが幅広い発話パターンを習得しやすくな

るよう設計しました。

## 1. 幅広いトピックの採用

　日常生活や歴史、テクノロジー、物語、実用的な料理レシピ、数字情報、感情的な回想、そして未来への展望など、さまざまなテーマを盛り込みました。

## 2. 多彩な文体・トーン

　会話調、説明調、物語調、感情表現など、異なる語り口を組み合わせることで、音声モデルが多面的なイントネーションやリズムを習得しやすくなっています。また、固有名詞や外来語も加え、発音の幅を広げました。

## 3. 長さと流れの工夫

　約 15 分程度の長さを想定し、各パートを数分程度で区切っています。これにより、内容に緩急をつけ、一読（聴）した際に一本調子にならないよう配慮しました。

## 4. 難易度と語彙のバリエーション

　平易な言葉からやや専門性のある用語、歴史的な背景や外来語、固有名詞を混在させ、モデルが幅広い語彙・表現に対応できるよう構成しています。

## 5. 感情・情景描写の導入

　少年と不思議な湖の物語や祖父母との思い出話など、感情や情景を伝えるエピソードを挿入しました。これによって、驚きや懐かしさといった感情表現にも対応可能な学習機会を提供します。

## 台本

### (1) 挨拶・導入

「こんにちは、はじめまして（あなたの名前）です。私の声を通じて、さまざまな話題についてゆっくりとお伝えしていこうと思います。これから約15分ほどお時間をいただき、日常の出来事からちょっとした歴史、技術の話、それに物語風のセクションまで、さまざまな内容をランダムに取り上げていきます。どうぞ最後までお付き合いください。」

### (2) 日常生活と季節の移ろい

「まずは、私の最近の生活リズムについて少しお話ししましょう。朝は比較的早めに起きるようになりました。6時半ごろに目を覚まし、窓を開けて新鮮な空気を取り込みます。今は秋が深まりつつある季節で、朝の空気はほんのり涼しく、肌に触れると少し冷たいくらいです。

　朝食は軽めに済ませることが多く、トースト一枚とヨーグルト、そして少し甘いジャムやはちみつを添えます。その後、パソコンの前に座り、メールをチェックしたり、ニュースサイトを軽く流し読みしたりします。最近気になるのは、各国の経済政策や地球温暖化対策、そして新しいデバイスの発売情報など。情報が多すぎる時代だからこそ、自分の中で必要なものとそうでないものを取捨選択することが大切と感じています。」

### (3) 歴史と文化：江戸時代の町並み

「続いて、少し時間をさかのぼり、歴史的なトピックを取り上げてみましょう。日本の江戸時代は、約260年もの長い安定期を維持した独特の時代でした。江戸の町には多くの商人や職人が集い、庶民文化が花開いていました。当時の江戸は人口100万人を超える世界有数の都市であり、その活気は日常生活のあらゆる場面に満ち溢れていたといいます。

　町人たちは朝早くから店を開き、新鮮な魚や野菜を売り歩く行商人の声が通りを行き交いました。また、浮世絵や歌舞伎といった芸術・娯楽

が市井の人々に愛され、情報や流行が独自のネットワークで広がっていきました。江戸時代の町並みを思い浮かべると、土や木でできた質素な家並みが続き、その合間に風情のある屋台や小さな茶屋が点在しているイメージが浮かびます。現代のコンクリートジャングルとは異なる、ゆったりとした時間の流れ。そうした過去を想起することで、今の暮らしとの対比が鮮やかに浮かび上がります。」

（4）テクノロジー解説：AIと自然言語処理

「ここで少し現代のテクノロジーに目を向けてみましょう。私たちが今日当たり前のように利用しているスマートフォンやパソコンには、さまざまな人工知能（AI）技術が活用されています。その中でも、特に興味深いのが自然言語処理分野です。

　自然言語処理は、人間が普段使う言語をコンピュータが理解・生成できるようにするための技術領域です。たとえば、音声アシスタントに話しかけると、AIが文脈や言葉の意味を解析して、適切な応答を行います。機械翻訳やチャットボット、そしてこうした音声合成技術も、すべて自然言語処理の恩恵を受けています。

　この技術は年々進歩しており、複雑な感情表現や曖昧なニュアンスを理解するシステムも増えてきました。将来的には、まるで人間と会話しているかのような自然なコミュニケーションが、デバイス越しに実現するかもしれません。」

（5）物語風セクション：小さな村と不思議な湖

「ではここで、少し物語風の話をしてみたいと思います。

　とある山あいに、小さな村がありました。その村は深い森に囲まれ、人々は静かな暮らしを営んでいました。村のはずれには、透明度の高い湖があり、そこには美しい魚たちが群れをなして泳いでいました。

　ある日、一人の少年が湖のほとりに立っていると、水面がふわりと揺れ、人の声のような響きが聞こえてきました。「こんにちは、旅人。ここ

は時を超える湖。あなたが話す言葉は、遠い未来の誰かに伝わるでしょう。」少年は驚きましたが、湖に向かって自分の名前や夢を語りかけると、水面はまるで鏡のように光り、その声は森の向こうへと消えていきました。

　その後、少年は村に戻り、誰にもその不思議な体験を語りませんでした。しかし、心の中にはいつでもあの静かな湖があり、遠い未来に誰かが自分の言葉を受け取ってくれるかもしれない──そんな淡い期待が残ったのです。」


（6）説明的セクション：簡単な料理レシピ
「次は、少し実用的な話題に移ります。ここでは簡単な料理のレシピをご紹介しましょう。

　今日のメニューは、トマトとほうれん草のクリームパスタです。準備するものは、パスタ（スパゲッティ）100グラム、完熟トマト1個、ほうれん草1束、生クリーム100ミリリットル、オリーブオイル、にんにく一片、塩、こしょうです。

　作り方は簡単です。


　1. パスタを塩を入れたお湯で茹でます。茹で時間はパッケージの表示に従ってください。

　2. フライパンにオリーブオイルと潰したにんにくを入れ、弱火で香りを出します。

　3. そこにカットしたトマトとざく切りのほうれん草を加え、軽く炒めたら生クリームを注ぎます。

　4. 茹で上がったパスタを加え、塩・こしょうで味を調えます。

　これだけで簡単な一皿が完成します。見た目も華やかで、特にトマトの赤とほうれん草の緑が美しく映えます。料理は実際に手を動かして作ると、その過程で食材の香りや手ざわりを感じられ、完成した時の達成感は格別です。」

（7）情報読上げ：日時・数字・固有名詞

「ここで、少し数字や特定の情報を読み上げてみます。

明日は 2024 年 12 月 18 日、水曜日です。午前 10 時から A 会議室で行われる打ち合わせには、田中一郎さん、佐藤真由美さん、そして新しく着任したマーケティング担当の山口健太さんを含む計 5 名が参加予定です。会議では、今年度の売上目標である 1 億 2 千万円達成に向けた戦略について話し合う予定です。

また、12 月中旬の平均気温は例年 8 度前後と予想されています。交通機関については、JR 山手線が午前 9 時から 11 時にかけて一部遅延の見込みがあり、利用者は早めの移動をおすすめします。」


（8）感情的な回想：思い出話

「ここで私自身の思い出話を少しさせてください。子供のころ、毎年夏休みになると祖父母の家に遊びに行っていました。祖父母の家は海辺の町にあって、家の裏手には小さな港があり、漁船が何隻も停泊していました。朝になると、漁師さんたちが網を引き上げ、新鮮な魚や貝を市場に並べる様子が日常の光景でした。

私は祖父と一緒に防波堤の上に腰掛け、潮風を感じながら夕日が沈むのをよく眺めていました。真っ赤な太陽が海面を染め上げ、そのグラデーションは言葉にできないほど美しかったことを今でも鮮明に思い出します。祖父はほとんど何もしゃべらず、ただ黙って煙草をふかしていましたが、その沈黙の中に流れていた静かな時間が、私にとっては何にも代えがたい宝物でした。

今は忙しく、なかなかあの町へ行く機会もありませんが、あのとき感じた空気や光景が、私にとって原点のような気がします。」


（9）未来展望・締め

「最後に、未来への展望について少し話して締めにしたいと思います。

テクノロジーはこれからますます進歩し、私たちが想像している以上のスピードで社会が変化していくでしょう。AI、ロボット、自動運転、バイオテクノロジー、宇宙開発…。それらは単なる科学や工学の話題にとどまらず、私たちの暮らし方や価値観に深く影響を及ぼします。

　その中で大切なのは、便利さや効率性だけでなく、人間らしい温かさや、文化、芸術、自然への理解といった、本質的な価値をどう守り、どう生かしていくかではないでしょうか。さまざまなテクノロジーが融合する社会においても、人と人とのつながりや思いやりは、時代を超えて求められ続けるはずです。

　さて、そろそろお時間も近づいてきました。ここまでお付き合いいただき、本当にありがとうございました。多彩なトピックを行き来しながらお話ししてきましたが、こうした幅広いコンテンツを通じて、言葉の響きや表現方法が少しでも参考になれば幸いです。これからも新しい発見や出会いを大切に、日々の暮らしを楽しんでいきましょう。」

## ▰ HeyGen で録音データから音声モデルを作成する方法

HeyGen のダッシュボードの左カラムメニューから [AI Voice] を選びます。

右上の [Create New Voice] をクリックします。

### ▮AI Voiceメニュー

録音した音声ファイルをアップロードします。

**音声アップロード画面**

Create voice from an audio file                                    ✕

Upload an audio or video file

Note: For best results, upload a sample that is around 2 minutes long.

It's important that your audio has clear (or even exaggerated) enunciation and pauses in between sentences.
We recommend using a smartphone or professional microphone to record in a quiet setting for best results.

Browse local files

Keep ambient sounds in my recording ⓘ          Cancel          Create voice clone

［Create voice clone］をクリックします。

■音声アップロード後の画面

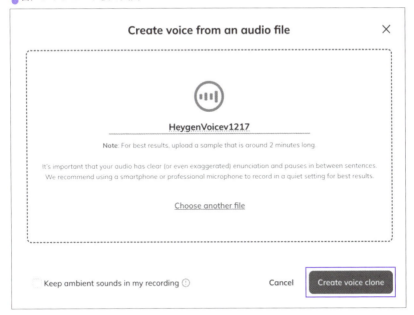

しばらく待つと、[My Voices]に録音ファイルから作成された音声が選べるようになります。

■音声選択画面

### 第 11 章のまとめ

　HeyGen の AI ボイスを自然にするためには、「スクリプトの調整」「自前録音の活用」「外部サービスの連携」「学習用サンプル音声の準備」など、さまざまな工夫が可能です。それぞれの方法を組み合わせながらトライしてみることで、視聴者が違和感なく楽しめる動画に仕上げることができるでしょう。

# 第 12 章

「リアルな身体がなくても、
個性や物語を生み出し、視聴者と深くつながる」

　AIアバターチューバーの登場は、バーチャル空間での"人間らしさ"をめぐる常識を塗り替えはじめました。いずれは知性や感情までAIが担う"強いAIアバターチューバー"が生まれ、学習や創作を通じて自ら成長していくかもしれません。
　そんな新たなエンターテインメントの形が私たちの社会や文化にもたらす影響とは？　そして、倫理や規制のあり方はどう変わるのか？　本章では、未来へと広がるその可能性を多角的に見つめ、新時代のコミュニティやブランド戦略、さらには人間の「感情」の定義までもが揺らぐ瞬間を考察していきます。

## 第12章

# AIアバターチューバーの未来

　「AIアバターチューバー」は、デジタル技術とエンタメの融合により生み出される新たな次元を象徴しています。VTuber文化が育んだ「バーチャル・パーソナリティ」は、匿名キャラクターではなく、創作者と視聴者が共に創り上げる新しい表現形態として定着してきました。

　この流れがさらに進化し、AIが知性・個性から外見まで担う「強いAIアバターチューバー」が誕生すれば、人間と同等かそれ以上の判断力を持つAIが独自に考え、行動する時代が訪れます。一方、現状のAIアバターは設定された範囲内で動く「弱いAI」であり、まだ完全に自律した存在ではありません。しかし将来、強いAIがクリエイティブな発信を担うようになれば、「人間らしさ」や「エンタメ体験」が大きく揺らぎ始めるでしょう。

　本章では、強いAIアバターチューバーがもたらす多面的な変化や課題、そしてその先に生まれる新しい文化とコミュニティの可能性を探ります。

## 1　自己生成的パーソナリティの確立：成熟する"人格"の誕生

　強いAIアバターチューバーは、初期設定や学習データだけでなく、ユーザーからのフィードバックや日々の活動を通じて自己成長する「自己生成的パーソナリティ」を獲得する可能性があります。これによって視聴者は、固定されたキャラクターを消費するのではなく、「変化し、成熟していく存在」を物語性を持って追体験できるでしょう。

## 2 | 相互学習的コミュニティ： ファンと AI の共創

　視聴者はコメントや投げ銭（スーパーチャット）を介して AI アバターの発言傾向や企画方針に影響を与えます。この相互学習の場は、ファンが「自分たちで AI を育てている」という帰属意識を育む、新たな共創型エンターテインメントの誕生を意味します。

## 3 | 現実と仮想の再定義： 心理的リアリティへの踏み込み

　強い AI アバターチューバーが、人間さながらの感情表現や知性を示し、長期的な関係性を築くとき、人間性やリアリティの境界は曖昧になります。既に、AI との深い対話が悲劇的な結末を招く事例も報告されており[1]、私たちは仮想体験の心理的影響をより真剣に考える必要があります。

## 4 | ブランド・アイデンティティとしての AI キャラクター

　今後、企業やクリエイターは、AI キャラクターを「ブランドそのもの」として据える戦略をとるかもしれません。年齢、健康状態、スキャンダルといった従来のリスク要因に縛られることなく、24 時間 365 日、世界中のユーザーとの対話が可能な AI キャラクターは、ブランド価値を支える新たな柱となり得るでしょう。広告塔にとどまらず、ユーザーとの継続的なコミュニケーションを通じてブランド体験を“アップデート”し続ける存在として、マーケティングそのものを再定義する可能性すらあります。

---

[1]　https://www.cnn.co.jp/usa/35225951.html

とりわけ、教育コンテンツとの相性は抜群です。たとえば私自身、英語学習アプリの Duolingo Max を利用し、AI キャラクターとの英会話トレーニングを日課にしています。初期段階では、やり取りは 3 往復程度の短いものに限られており、正直なところ課金を後悔するほどでした。しかし現在では、かなり高度な会話にも対応可能となり、まるで英語ネイティブと対面で話しているような感覚を得られます。

**Duolingo**
https://www.duolingo.com

このように、AI キャラクターは単なるツールにとどまらず、ブランド独自の体験価値を高める役割を果たしています。そして、顧客との関係をより深める新たなフロントラインとして機能し始めているのです。

ただし、AI キャラクターを活用するうえでは、展開の時期や企業全体のイメージとの整合性が欠かせません。たとえば、あるハンバーガーチェーンが起用したキャラクターの描写（指が 6 本あるなど）が不自然で不快感を与え、広告炎上につながったように、人間の感覚から大きく外れたキャラクター表現は避けるべきです。いわゆる「不気味の谷」現象に陥らないよう、自然で親しみやすいビジュアルや振る舞いを徹底することで、ブランドが求めるポジティブな体験価値を最大限に引き出せるのです。

# 5 創造的カルチャーへの波及効果：<br>共創型エンタメの隆盛

人間由来の制約から解放された AI アバターチューバーは、コンテンツ制作の概念を拡張します。映画、ドラマ、ゲーム、音楽などあらゆるジャンルにおいて、AI アバターがストーリー展開やキャラクター設定を動的に再構成するインタラクティブ・エンタメが実現可能です。これにより、受

動的な鑑賞から、視聴者・AI・クリエイターがともに作品世界を構築する「共創」へのシフトが促され、新たな文化的ダイナミズムが生まれます。

　私は趣味で小説を書いており、ある作品が学生時代に星新一賞（SFの文学賞）の最終候補に選ばれました。その作品は2つの世界があり、将棋の指し手によってもう1つの世界で再生される物語が変わるという内容でした。当時は夢物語でしたが、いまでは現行のテクノロジーで十分に実現可能になりつつあり、ワクワクしています。

# 6 ｜倫理・規制・社会的合意の重要性

　この新領域には、データプライバシー、バイアス、知的財産権、責任の所在などの倫理的・法的課題が伴います。double jump.tokyoが展開する「アニメチェーン構想」[2]のように、既に業界ではこれら課題解決を模索する動きが始まっています。技術的透明性や社会的合意、法規制の整備が求められるのは必然です。

# 7 ｜「出会い」の再創造と新たな経済圏

　強いAIアバターチューバーは、言語や文化の壁を越え、人間同士の交流を補完する新たなコミュニケーションチャンネルとなりえます。また、AIアバター同士のコラボレーションやバーチャルイベントによる新たな経済圏が形成され、デジタル通貨やNFTなどによってコミュニティ貢献度やブランドロイヤリティを可視化し、価値として流通させることも可能になります。

---

*2　https://www.doublejump.tokyo/posts/aLhZ4gZm

## 8 | AIエージェントとAIアバターチューバー：プロンプトひとつで動画が完成する未来

　動画の企画やコンセプトさえ伝えれば、AIエージェントが自動的に脚本を構成し、シーンや演出を決定し、さらにはAIアバターを駆使して撮影や編集まで行う。そんな時代が、もうすぐ目の前まで来ています。たとえば、ユーザーが「こんなテーマで、こうした雰囲気の動画が作りたい」とリクエストするだけで、AIエージェントがその要望を瞬時に解析し、クリエイティブなアイデアを組み立てて実際に"完成版"へと仕上げてしまうのです。

　この流れは、先述した"強いAIアバターチューバー"の概念とリンクし、映像制作の一連の工程—企画、演出、出演、編集、公開—をほぼ自動で行えるようになります。結果として、個人であっても、大規模な制作チームや予算を必要とせずに質の高い映像コンテンツを生み出すことが可能となり、新たなエンターテインメントの形態が加速度的に増えていくでしょう。

　さらに、視聴者参加型の学習フィードバックや、リアルタイムのコメント解析などもAIエージェントが併せて実行すれば、動画の改良や編集方針を瞬時にアップデートすることもできます。コンテンツを"完成品"として固定するのではなく、常に成長する"生きたサービス"として提供できるようになる点は、まさにAIならではの強みと言えます。

　こうした技術の進展は、従来の「作り手」と「見る側」という役割分担を大きく変え、誰もが自由に映像表現の可能性を探求できる未来へとつながっていくはずです。これまでプロのクリエイターに任せきりだった高度な作業も、AIエージェントの協力を得ることで、一人ひとりのアイデアが世界と繋がるチャンスを得るでしょう。

　このように、AIアバターチューバーの進化とAIエージェントの台頭は、コンテンツ産業やエンタメ界における境界線を大きく塗り替え、人間の創造力をさらに解放していく力を秘めています。

# 9 ｜新時代への扉：無限に続く創造と変貌

　AI アバターチューバーの未来は、従来の常識や価値観を揺るがしながら、テクノロジーと人間性が融合した新たな表現空間を拓いていくでしょう。その変化は際限なく続き、私たちはリアルとバーチャル、創作者と鑑賞者の境界が溶け合う新時代を目撃することになります。

　**本書を通じて、この未踏の領域で生まれる文化やコミュニティ、そして私たち自身の新たな可能性に思いを馳せるきっかけとなれば幸いです。**

## おわりに：レビューにはすべて返信します

　最後まで本書をお読みいただき、心から感謝申し上げます。

　AIアバターチューバーという新しい手法は、これまでYouTubeや動画制作に挑戦して挫折を経験した方々に、もう一度夢を形にするチャンスをもたらします。顔出しや声出し、撮影環境の準備といったハードルを取り払うことで、誰もが簡単に表現の場を得られる——それは、まさにクリエイティブの新しい扉が開かれた瞬間です。

　私自身、試行錯誤の末に「自分には向いていない」と思い込んでいた時期がありました。しかし、AI技術との出会いによって、再び動画制作を楽しめるようになり、気づけば新たなやりがいや成果が得られるようになったのです。その経験を本書に込め、皆さまの背中をそっと押す存在になれればと願っています。

　動画制作は、単に情報を伝えるだけでなく、あなた自身の想いやアイデンティティを反映させる「表現の場」であり、視聴者との「つながり」を育む手段でもあります。AIアバターチューバーを活用することで、そのつながりはより強固なものとなり、届けられる価値はさらに広がっていくでしょう。

　ぜひ、あなたの新しい挑戦にAIアバターチューバーを活かし、これまでと異なる形での成功を手にしてください。本書が、その過程で役立つ道しるべとなれたなら、これ以上の喜びはありません。

なお、Amazon でいただいたレビューにつきましては、下記のページで必ず返信を行っています。皆さまからのご意見やご感想は、今後の改善や発展へとつながる大切な糧です。どうかお気軽にお声をお寄せください。

https://rebron.net/blog/contentlist/

新たな一歩を踏み出すあなたの未来が、より充実したものとなることを心より応援しております。

## 巻末資料

# タイムラインの操作説明

　本資料では、タイムラインのメニュー説明や設定方法について詳しく解説しています。作業効率を高めるためにぜひご活用ください。

## ● 音声メニュー

音声を選択し、[…] をクリックするとメニューが開きます。

### 音声メニュー

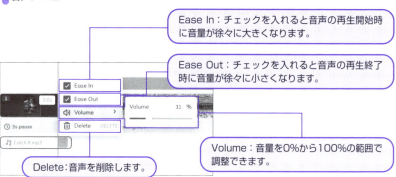

Ease In：チェックを入れると音声の再生開始時に音量が徐々に大きくなります。

Ease Out：チェックを入れると音声の再生終了時に音量が徐々に小さくなります。

Volume：音量を0%から100%の範囲で調整できます。

Delete：音声を削除します。

## ▶ Voice 設定メニュー

▎Voice設定メニュー

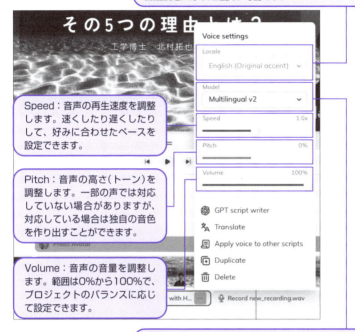

Locale：使用する音声の言語や地域を選択します。たとえば、アメリカ英語、イギリス英語、日本語など、プロジェクトの言語設定に応じた選択が可能です。

Speed：音声の再生速度を調整します。速くしたり遅くしたりして、好みに合わせたペースを設定できます。

Pitch：音声の高さ（トーン）を調整します。一部の声では対応していない場合がありますが、対応している場合は独自の音色を作り出すことができます。

Volume：音声の音量を調整します。範囲は0%から100%で、プロジェクトのバランスに応じて設定できます。

Model：音声生成に使用するモデルを選択します。
・Multilingual v2（デフォルト）：すべての用途に適した多言語対応モデル。
・Turboモデル：高速な話速を提供しますが、英語専用のモデルが含まれる場合があります。
詳細はElevenLabsの公式記事を参照してください。
https://elevenlabs.io/docs/models

## ■ シーン設定メニュー

### シーン設定メニュー

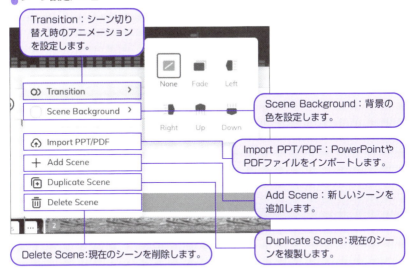

### ■ 要素トラックメニュー

要素トラックメニュー

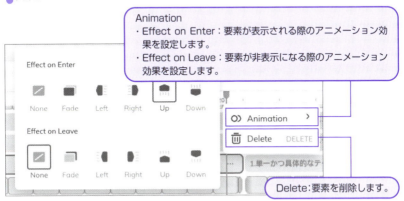

## ▶ アバターメニュー

■ アバターメニュー

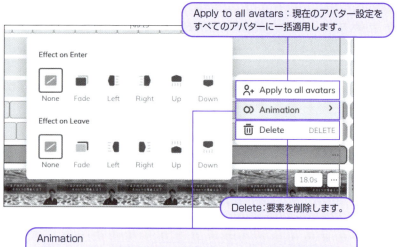

Apply to all avatars：現在のアバター設定をすべてのアバターに一括適用します。

Delete：要素を削除します。

Animation
・Effect on Enter：要素が表示される際のアニメーション効果を設定します。
・Effect on Leave：要素が非表示になる際のアニメーション効果を設定します。

## ■著者紹介

# 北村 拓也 (きたむらたくや)

博士（工学）。1992 年、福島県生まれ。

広島大学工学部でプログラミングに出合い、在学中に子ども向けプログラミングスクール「TechChance!」（全国 20 店舗以上展開）をはじめ、学習アプリ開発会社 ( 売却 )、サイバーセキュリティ教育会社などを連続起業。これまでに「U-22 プログラミングコンテスト」コンピュータソフトウェア協会会長賞、「Challenge IoT Award」総務大臣賞、「CVG 全国大会 経済産業大臣賞」、「人工知能学会研究会」優秀賞、文部科学省主宰の高度 IT 人材育成プログラム「enPiT」全国優勝など、40 以上の賞を受賞。未踏事業採択。

5 社の役員を務めながら、広島大学大学院工学研究科情報工学専攻学習工学研究室を飛び級で卒業し、博士号（工学）を取得。広島大学の学長特任補佐、web3 関連事業や高校でアドバイザーとして活躍。現在は広島大学の特任助教として学生の起業支援に取り組んでいる。中学時代の不登校経験を活かし、教育分野でも情報発信を行う。

著書に『知識ゼロからのプログラミング学習術』（秀和システム）など 10 冊以上 ( 電子書籍含む )。趣味は小説執筆とテニス。

ブログ「きたたくブログ」：https://rebron.net/blog

X：https://x.com/KitatakuAI

## 索引

### アルファベット

**A**

AI VTuber . . . . . . . . . . . . . .14, 16, 18
AI アバター . . . . . . . . . . . . .70, 75, 96
AI アバターチューバー
. . . . . . . . . . . . . .5, 18, 19, 21, 200

**C**

Canva. . . . . . . . . . . . . . . . . . . . .177
Collaborate . . . . . . . . . . . . . . . . .137
Competition. . . . . . . . . . . . . . . . . .43
Creator プラン . . . . . . . . . . . . . . . . .7

**F**

Felo . . . . . . . . . . . . . . . . . . . . . .179
Free プラン . . . . . . . . . . . . . . . . . . .7

**G**

Gamma . . . . . . . . . . . . . . . . . . . .178
Google アカウント . . . . . . . . . . . . .64

**H**

HeyGen . . . .5, 70, 108, 118, 150, 176
HeyGen の料金プラン. . . . . . . . . . . . .6

**I**

Instant Avatar . . . . . . . . . . . . .75, 76
Instant Highlight . . . . . . . . .152, 161
Interactive Avatar . . . . . . . .151, 153

**M**

Motion . . . . . . . . . . . . . . . . . . . . .76
MVP. . . . . . . . . . . . . . . . . . . . . . .55
MVP 生成 . . . . . . . . . . . . . . . . . . .51

**N**

Napkin.AI. . . . . . . . . . . . . . . . . . .181

**O**

Overall Score. . . . . . . . . . . . . . . . .43

**P**

Personalized Video . . . . . . . .151, 159
Photo Avatar . . . . . . . . . . . . . .75, 82
PowerPoint での Copilot . . . . . . . .180

**S**

Search Volume . . . . . . . . . . . . . . .42
Share . . . . . . . . . . . . . . . . . . . . .138
SNS 活用. . . . . . . . . . . . . . . . . . . .60
Social Blade . . . . . . . . . . . . . . . . .46
Still . . . . . . . . . . . . . . . . . . . . . . .76

Studio Avatar. . . . . . . . . . . . . . . . .75

**T**

TTS トラック . . . . . . . . . . . . . . . .111

**U**

URL to Video. . . . . . . . . . . . .152, 165

**V**

Video Podcast . . . . . . . .152, 170, 173
vidIQ . . . . . . . . . . . . . . . . . . . . . .41
VTuber. . . . . . . . . . . . . . . .14, 15, 17

**Y**

YouTube . . . . . . . . . . . . . . . . . . . .24
YouTube Studio. . . . . . . . . . . . . . .65
YouTuber. . . . . . . . . . . . . .14, 15, 17
YouTube アカウントの種類. . . . . . . .61
YouTube オープニングとエンディング
. . . . . . . . . . . . . . . . . . . . . . . .145
YouTube チャンネル開設の手順 . . . .64

### 五十音

**あ行**

新しいジャンル . . . . . . . . . . . . . . . .47
アップロード . . . . . . . . . . . . . . . . . .79
アップロード動画のデフォルト設定 . .66
アバターとテンプレート. . . . . . . . . . .6
アバタートラック. . . . . . . . . . . . . .110
アバターのセリフ. . . . . . . . . . . . . .111
イントネーション. . . . . . . . . . . . . .184
エーアイ ブイチューバー . . . . . . . . .16
エレベーターピッチ . . . . . . . . . . . . .52
エレベーターピッチ テンプレート . . .52
オーディオ. . . . . . . . . . . . . . . . . . .112
オリジナルアバター . . . . . . . . . . . . .5
音声. . . . . . . . . . . . . . . . . . . . . . .112
音声・スクリプト設定 . . . . . . . . . . .125
音声とスクリプトの編集. . . . . . . . . .98
音量. . . . . . . . . . . . . . . . . . . . . . .127

**か行**

顔出し. . . . . . . . . . . . . . . . . . .14, 23
簡易需要チェック. . . . . . . . . . . . . . .45
関連キーワード . . . . . . . . . . . . . . . .45
キーワードリサーチ . . . . . . . . . . . .42
企業案件 . . . . . . . . . . . . . . . . . . . .59

214

競合チャンネル分析............46
競合分析....................46
教材動画...................143
競争率................. 43, 44
共有.......................138
検索ボリューム....... 42, 43, 44
広告収入....................58
広告出稿....................60
合成音声....................19
声出し......................14
声の高さ...................127
ゴール......................33
個人用アカウント............61
個人用アカウントからブランドアカウント
トに移行....................64
コラボ動画..................60
コラボレーション...........137
コラボレーションとシェア.......136
コンセプト..................34
コンテンツ制作..............61
コンテンツ生成フレームワーク.....26

### さ行

最小限のコンテンツ作成 .........51
再生速度...................127
撮影.......................77
サムネイル..............55, 56
シーン追加・削除 ...........128
シーントラック .............110
シーンの再配置と調整.........132
シーンの長さ調整............128
自動リンク.................114
商品紹介動画...............141
新規スクリプトの追加.........130
スクリプトパネル...........112
スポンサーシップ............59
スライド ...................96
スライド編集................97
成長パターン................47
全体スコア..................43
総合評価.............. 43, 44

### た行

タイトル ...............55, 56
タイムライン................112

多言語対応 .............23, 102
チャンネル開設 ..............61
チャンネル概要情報...........48
チャンネルコンセプト .........26
チャンネル設計の MVP .........52
チャンネルの基本設定 .........65
チャンネルの人気度合い .........49
チャンネルを作成............64
テーマ.....................50
テキストからスクリプトへの変換トラック
ク.........................111
テキスト編集...............123
テスト......................56
テンプレート ...........96, 120
動画.......................55
動画生成...................101
動画テンプレート...........141
動画プレビューと書き出し.......134
動画編集画面...............118
投稿頻度....................47
トラック ...................108

### は行

発音修正...................100
バックエンド商品............59
ビジョン...................27
日別・月別の詳細データ .........48
ブイチューバー .............15
ブランドアカウント .......61, 63
プロモーション計画.........58, 60
プロンプトでアバター生成.........91
β版......................150
ベネフィット ...............55

### ま行

マネタイズ..................58

### や行

ユーチューバー .............15
要素トラック...............109

### ら行

ランキング..................49
リサーチ ...................40
リップシンク ...............19
録音データから音声モデルを作成する
.........................195

●カバーデザイン
mammoth.

知識ゼロからのHeyGenで
AIアバターチューバーになる方法

| 発行日 | 2025年 3月16日 | 第1版第1刷 |

著　者　北村　拓也

発行者　斉藤　和邦
発行所　株式会社　秀和システム
　　　　〒135-0016
　　　　東京都江東区東陽2-4-2　新宮ビル2F
　　　　Tel 03-6264-3105（販売）Fax 03-6264-3094
印刷所　三松堂印刷株式会社　　　Printed in Japan

ISBN978-4-7980-7440-5 C3055

定価はカバーに表示してあります。
乱丁本・落丁本はお取りかえいたします。
本書に関するご質問については、ご質問の内容と住所、氏名、
電話番号を明記のうえ、当社編集部宛FAXまたは書面にてお送
りください。お電話によるご質問は受け付けておりませんので
あらかじめご了承ください。